As Origens de Nosso Universo

Estudo Sobre a Origem e a Evolução dos Componentes de Nosso Universo

CIÊNCIA E CULTURA

Consultor:

Henrique Lins de Barros
Pesquisador titular do Museu de Astronomia e Ciências Afins, MAST/MCT
Doutor em física

UMA BIOGRAFIA DO UNIVERSO
Fred Adams e Greg Laughlin

ENTRE O CRISTAL E A FUMAÇA
Henri Atlan

TELEGRAMAS PARA MARTE
Eduardo Dorneles Barcelos

TEORIAS DE TUDO
John D. Barrow

A CAIXA PRETA DE DARWIN
Michael Behe

CONVITE À FÍSICA
Yoav Ben-Dov

HISTÓRIA NATURAL DO HOMEM
André Bourguignon

GIGANTES DA FÍSICA
Richard Brennan

20.000 LÉGUAS MATEMÁTICAS
A.K. Dewdney

A ESCURIDÃO DA NOITE
Edward Harrison

INTELIGÊNCIAS EXTRATERRESTRES
Jean Heidmann

A REVOLUÇÃO CIENTÍFICA
John Henry

FIM DE MILÊNIO
Bertília Leite e Othon Winter

AS ORIGENS DE NOSSO UNIVERSO
Malcolm S. Longair

VÍRUS E HOMENS
Luc Montagnier

O QUE SABEMOS SOBRE O UNIVERSO
Richard Morris

UMA BREVE HISTÓRIA DO INFINITO
Richard Morris

OS GRANDES EXPERIMENTOS CIENTÍFICOS
Michel Rival

O ESPECTRO DE DARWIN
Michael R. Rose

A UNIFICAÇÃO DAS FORÇAS FUNDAMENTAIS
Abdus Salam et al.

SERÁ QUE DEUS JOGA DADOS?
Ian Stewart

DE ARQUIMEDES A EINSTEIN
Pierre Thuillier

O TEMPO NA HISTÓRIA
G.J. Whitrow

À BEIRA D'ÁGUA
Carl Zimmer

MALCOLM S. LONGAIR

AS ORIGENS DE NOSSO UNIVERSO

ESTUDO SOBRE A ORIGEM E A EVOLUÇÃO DOS COMPONENTES DE NOSSO UNIVERSO

Tradução:
Vera Ribeiro

Revisão técnica:
HENRIQUE LINS DE BARROS
Doutor em Física
Vice-Diretor do Museu de Astronomia e de Ciências Afins (MAST)

Jorge Zahar Editor
Rio de Janeiro

Título original:
The Origins of our Universe

Tradução autorizada da reimpressão
da primeira edição inglesa, publicada em 1992
por Cambridge University Press, de Cambridge, Inglaterra.

Jorge Zahar Editor Ltda.
rua México 31 sobreloja
20031-144 Rio de Janeiro, RJ
tel.: (21) 2240-0226 / fax: (21) 2262-5123
e-mail: jze@zahar.com.br
site: www.zahar.com.br

Composição: TopTextos Edições Gráficas Ltda.

Capa: Sérgio Campante

CIP-Brasil. Catalogação-na-fonte
Sindicato Nacional dos Editores de Livros, RJ.

Longair, M.S., 1941-
L839o As origens de nosso universo: estudo sobre a origem e a evolução dos componentes de nosso universo / Malcom S. Longair; tradução, Vera Ribeiro; revisão técnica, Henrique Lins e Barros. — Rio de Janeiro: Jorge Zahar Ed., 1994.
(Ciência e Cultura)

Tradução de: The origins of our universe.
Bibliografia
Apêndice
ISBN: 85-7110-284-8

1. Estrelas – Evolução. 2. Galáxias – Evolução. 3. Quasars. 4. Cosmologia. I. Título. II. Série.

CDD – 523.11
94-0143 CDU – 523.11

Sumário

Para Mark e Sarah

Esta exposição introdutória de nosso universo baseia-se nas Conferências de Natal do autor, apresentadas na Royal Institution nos feriados de Ano-Novo de 1990-91. As palestras para jovens da Royal Institution são televisionadas ao vivo. Este livro capta brilhantemente o talento do professor Longair como exímio expositor da astronomia e da física modernas. O conteúdo inclui capítulos sobre O Majestoso Projeto, O Nascimento das Estrelas e o Grande Ciclo Cósmico, A Origem dos Quasares, A Origem das Galáxias e A Origem do Universo. A linguagem não é técnica e o livro é bem ilustrado.

PREFÁCIO

É um grande privilégio ter sido convidado a apresentar as Conferências de Natal para Jovens, da Royal Institution, em 1990. Essa notável tradição, iniciada por Faraday no século XIX, e que prosseguiu neste século sob a direção de cientistas do mais alto gabarito, exige um esforço especial. Trata-se de uma oportunidade única de levar à nova geração de cientistas e engenheiros o entusiasmo da ciência contemporânea. Meu tema são as origens de tudo o que existe no universo, um dos maiores desafios da ciência moderna. Não tenho esperança de fazer mais do que abrir o apetite dos entusiastas, mas o que realmente almejo transmitir são a instigação intelectual e as extraordinárias exigências da pesquisa nas fronteiras de nossa compreensão atual.

Para ajudar na disseminação dessas idéias, produzi este pequeno livro, que não pretende ser mais do que uma extensão das notas de conferência para a série de cinco palestras. Espero que elas preencham algumas das lacunas das conferências televisionadas e que funcionem como um estímulo, entre os interessados, para que leiam e aprendam mais.

Este livro não poderia ter sido produzido sem um empenho muito especial por parte de muitas pessoas. Em primeiríssimo lugar vem o professor John Thomas, diretor da Royal Institution, que me convidou a fazer essa série de palestras. O patrocínio da série foi fornecido pela Shell, por cuja generosidade e incentivo quero agradecer. O Dr. Bryson Gore, da Royal Institution, forneceu inestimável orientação sobre as conferências e me desestimulou das experiências excessivamente originais. O Sr. William Woollard, da InCA, e meu diretor, Sr. Richard Melman, ofereceram idéias esplendidamente criativas no tocante à exposição deste material. O apoio de Graham Massey e sua equipe da BBC, que transmitiu as conferências, foi também sumamente apreciado.

A Cambridge University Press empenhou o máximo de seus esforços para que este livro estivesse pronto por ocasião das Conferências de Natal. Sou muito grato ao Dr. Simon Mitton, da CUP, por seu entusiasmo, e também a sua equipe, pela execução desse trabalho em velocidade superluminar. Por fim, eu não teria podido cumprir os prazos sem os esplêndidos esforços da Sra. Janice Murray, do Observatório Real de Edimburgo, que ajudou a produzir o livro. Seu empenho chegou a ultrapassar até mesmo o impressionante volume de trabalho que ela costuma produzir.

Malcolm S. Longair
Observatório Real
Edimburgo

1

O Majestoso Projeto

Neste pequeno volume, vamos estudar a origem e a evolução de tudo o que existe no universo. Usaremos todas as técnicas da moderna astronomia para formular algumas das indagações mais profundas sobre a origem dos planetas, das estrelas, das galáxias, das estruturas de larga escala e do próprio universo. Temos muito que fazer. Neste primeiro capítulo, precisamos entender não apenas o que é que estamos tentando explicar, mas também as maneiras de obter as informações de que precisamos. Portanto, vamos começar por uma descrição de como é nosso universo.

A primeira coisa que os não-astrônomos costumam perguntar-me com grande freqüência é: "Como podem vocês sequer imaginar os imensos tamanhos e distâncias implicados no estudo do universo? Como pode a mente humana compreender essas vastas distâncias?" A resposta é que, na verdade, é muito fácil, pois vocês não devem preocupar-se com a dimensão dos números em si — isso realmente não tem importância alguma. Importante é o tamanho de uma escala do universo em relação a outra. Assim, vamos começar por uma rápida passada pelo universo — uma excursão aos pontos principais, se vocês preferirem —, partindo de nosso universo local e chegando, o mais depressa possível, ao limite deste. Naturalmente, tenho de lhes informar o que quero dizer com limite do universo, mas esperemos até chegar lá.

Vamos começar bem no nosso quintal. Chamo "nosso quintal" as regiões do universo a que já enviamos veículos espaciais. Boa parte de nosso sistema solar já foi explorada por sondas espaciais, como as naves Voyager I e II, que proporcionaram visões fantásticas dos planetas externos — Júpiter, Saturno, Urano, Netuno — e seus satélites.

1. Saturno, tal como observado pelo telescópio espacial Hubble.

Todos vocês estão familiarizados com a idéia de que os planetas giram em órbitas mais ou menos circulares em torno do Sol. O importante, para nosso propósito atual, é o tamanho do sistema solar em relação ao tamanho dos sistemas maiores do universo; portanto, vamos iniciar essa viagem. Antes de mais nada, vamos comparar a distância entre o Sol e a Terra com a distância entre o Sol e Saturno (Figura 1). Há aí apenas um fator 10 de distância, e 10 é um número pequeno. Embora a distância real do Sol a Saturno, em quilômetros, possa parecer muito grande, ao pensarmos nela em termos relativos, como sendo apenas dez vezes maior do que a distância entre o Sol e a Terra, ela não parece tão imensa. Esse é o primeiro passo numa seqüência que nos levará ao limite do universo.

A etapa seguinte de nossa jornada é viajar de nosso Sol, com seus nove planetas, para a estrela vizinha mais próxima. Quanto temos de avançar? Se fôssemos escrever a distância em quilômetros, ela pareceria uma cifra muito alta, mas, se a considerarmos em termos da distância entre o Sol e Saturno, veremos que é preciso percorrer apenas 20.000 vezes essa distância para chegar à estrela mais próxima. Mais uma vez, o número 20.000 não é particularmente grande.

2. O aglomerado estelar das Plêiades. Essas estrelas azuis são membros de um jovem aglomerado estelar de não mais de 20 milhões de anos e se situam a uma distância de aproximadamente 300 anos-luz.

Outra maneira de pensar na distância que nos separa das estrelas mais próximas é calcular o tempo de que a luz precisa para chegar lá, partindo do Sol. A luz se propaga a uma velocidade de aproximadamente 300.000 quilômetros por segundo. Assim, ela leva apenas oito minutos para viajar do Sol à Terra. Da mesma forma, leva cerca de 4,3 anos para ir do Sol à estrela mais próxima, Alfa Centauri — dizemos que Alfa Centauri está a uma distância de 4,3 anos-luz. Para lhes dar uma idéia de quantas estrelas existem em nossa vizinhança, conhecemos cerca de 50 delas a uma distância de 17 anos-luz do Sol.

Em nossas imediações, a maioria das estrelas consiste em estrelas vermelhas frias, com algumas estrelas azuis quentes e compactas, conhecidas como anãs brancas. Nosso Sol é uma estrela muito comum. As massas das estrelas vizinhas situam-se numa faixa muito estreita, de cerca de duas vezes a aproximadamente 1/10 da massa solar. Para encontrar as estrelas mais luminosas, como as das Plêiades (Figura 2), temos de vasculhar extensões muito maiores da

3. A galáxia espiral gigante mais próxima de nossa galáxia, a Nebulosa de Andrômeda ou M31.

galáxia, pois elas são bastante raras e têm vida muito curta em comparação com as estrelas próximas.

Agora vamos subir mais uma escala em tamanho. Vamos supor que avancemos por mais 30.000 vezes a distância entre as estrelas: obtemos, então, uma perspectiva drasticamente diferente. As estrelas congregam-se em imensos "universos-ilhas" — o que chamamos *galáxias*. Nossa própria galáxia, a Via-Láctea, provavelmente se parece muito com a Nebulosa de Andrômeda, nossa vizinha espiral mais próxima no espaço (Figura 3). As estrelas vizinhas são apenas algumas dentre os bilhões de estrelas que compõem o disco de nossa galáxia. As estrelas do disco giram em torno do centro da galáxia, e é o equilíbrio entre a atração gravitacional da galáxia como um todo e a força centrífuga devida a sua rotação

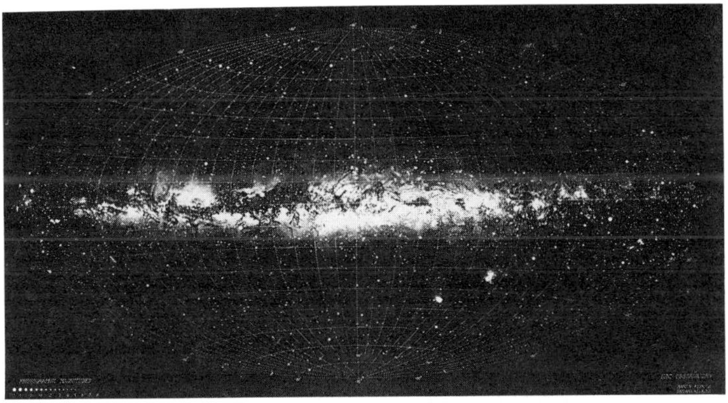

4. Vista da Via-Láctea mostrando a totalidade do céu e projetada num mapa bidimensional. Nessa imagem, a Via-Láctea atravessa o meio do diagrama, ficando o centro da galáxia no centro da fotografia. As coordenadas foram recurvadas de modo a preservar áreas iguais. Essa foto mostra que nossa galáxia é um disco achatado, mas a presença da poeira nos impede de ter uma visão clara de sua estrutura.

5. Imagem de nossa galáxia observada pelo Explorador da Radiação Cósmica de Fundo (COBE) nas faixas de ondas infravermelhas de 1 a 2,2μm.

que mantém as estrelas do disco em órbitas mais ou menos circulares. Além disso, há uma dilatação central e proeminente repleta de estrelas. Ao todo, nossa galáxia deve conter cerca de

6. A galáxia espiral barrada NGC1365.

100.000.000.000 (cem bilhões ou 10^{11}) de estrelas, o que é um número realmente muito, muito grande.

O problema da observação de nossa galáxia é que estamos situados em seu interior e, desse modo, não podemos obter dela uma visão panorâmica, tal como nos é possível fazer com galáxias distantes. Na verdade, a Via-Láctea, que vocês só conseguem ver em noites escuras e muito límpidas, é simplesmene o disco de nossa galáxia, visto pela borda. Contudo, não se assemelha muito à Nebulosa de Andrômeda, porque, como podemos ver na Figura 4, muitas áreas são obscurecidas pela poeira interestelar. Entretanto, ao observá-la em comprimentos de onda infravermelhos, vemos com muita clareza o disco e a estrutura nuclear presentes em galáxias como a Nebulosa de Andrômeda (Figura 5).

Galáxias como a Nebulosa de Andrômeda e a nossa são os componentes fundamentais de nosso universo. Vamos examinar alguns outros exemplos da população de galáxias.

A grande maioria das galáxias recebe o nome de *galáxias normais* e se divide em duas grandes categorias. Uma destas consiste nas

7. As galáxias elípticas NGC1399 e 1404, situadas no aglomerado de galáxias Pavo.

galáxias espirais, como nossa própria galáxia e a M31, e nas conhecidas como *galáxias espirais barradas*, nas quais a dilatação central é substituída por uma "barra" de estrelas elipsoidal (Figura 6). O traço característico dessa categoria é a presença de lindos braços em espiral. A segunda grande categoria compõe-se das *galáxias elípticas*, que são sistemas esferóides que não contêm discos de estrelas (Figura 7). Trata-se de galáxias que parecem intermediárias entre as duas categorias, sendo conhecidas como *SO* ou *galáxias lenticulares*. Por último, há uma pequena categoria de galáxias peculiares, conhecidas como *galáxias irregulares*. Volta e meia descobrimos coisas curiosas acontecendo no universo, e a Figura 8 é um exemplo de uma galáxia que parece ter-se envolvido numa colisão com uma de suas vizinhas e deixado atrás de si um anel de estrelas jovens. Todas as galáxias do universo enquadram-se nessas categorias gerais.

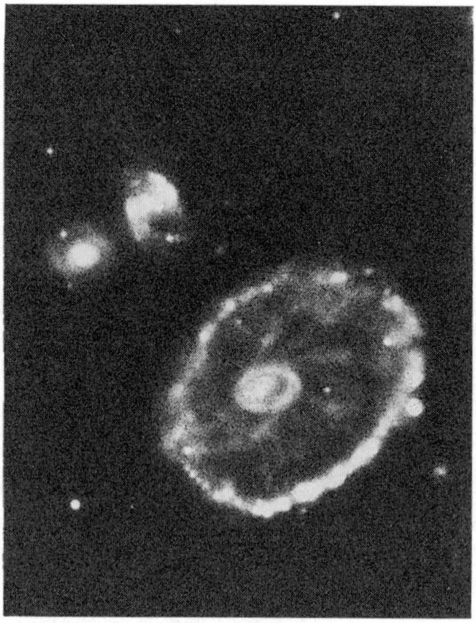

8. A curiosa galáxia conhecida como *Roda de Carroça*. É quase certo que sua aparência estranha se deva a uma colisão recente ou a uma interação com uma de suas companheiras próximas.

Existem algumas galáxias, de tamanho semelhante ao da nossa ou maior, em que estão ocorrendo eventos mais dramáticos. Bom exemplo disso é a galáxia NGC4151. À primeira vista, ela parece ser deveras inofensiva (Figura 9). Quando tiramos uma fotografia com tempo de exposição curto, contudo, algo muito drástico parece estar acontecendo em seu núcleo (Figura 10). Parece haver uma estrela localizada nele, mas não pode tratar-se de nenhum tipo normal de estrela, pois ela se encontra à mesma distância que a galáxia. O que torna as coisas ainda mais intrigantes é o fato de sabermos que esse objeto semelhante a uma estrela tem uma intensidade variável, o que, como mostraremos no Capítulo 3, significa que deve ser muito compacto. Esse é apenas um exemplo de uma categoria de galáxias que possuem *núcleos galácticos ativos*. No exemplo da NGC4151, o núcleo ativo é muito mais pálido do que a galáxia, mas em raríssimos casos verifica-se o oposto — o núcleo brilha muito mais do que a galáxia, e são esses os objetos conhecidos como *objetos quase-estelares* ou *quasares*. A Figura 11 é uma fotografia do quasar mais brilhante do céu, o 3C 273. Os borrões tênues na parte inferior da foto são galáxias vizinhas, situadas à mesma distância do quasar.

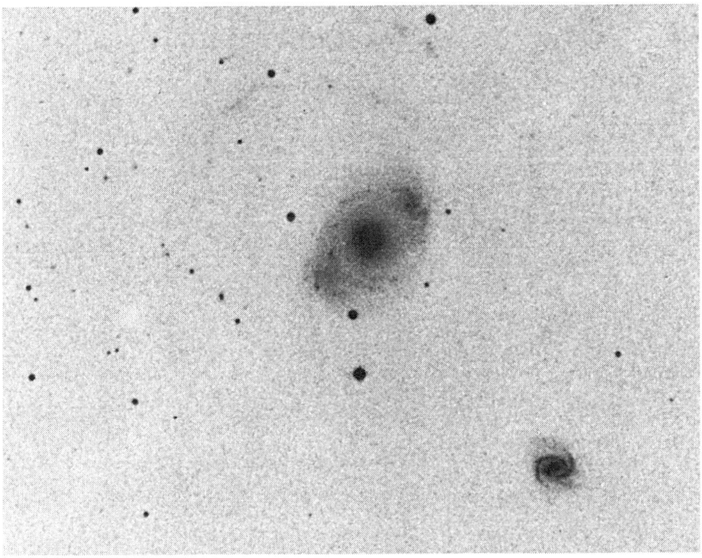

9. Fotografia da galáxia NGC4151 com tempo de exposição longo. A galáxia parece ser do tipo espiral.

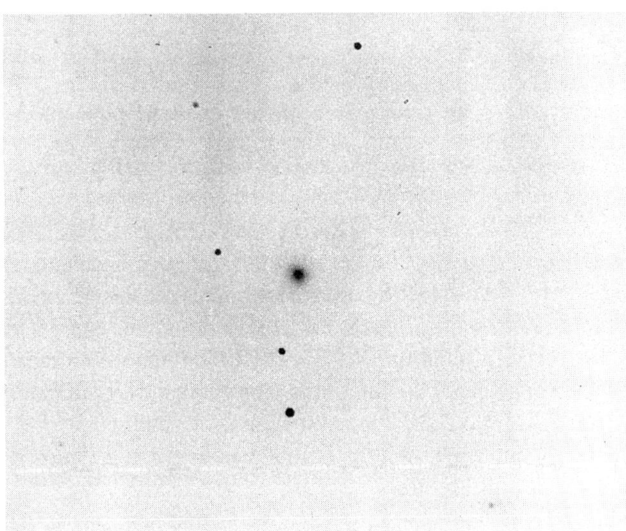

10. Fotografia da NGC4151 com tempo de exposição curto. O núcleo da galáxia parece ser estelar. O fato de ele ser muito compacto é confirmado pela observação de que seu brilho é variável.

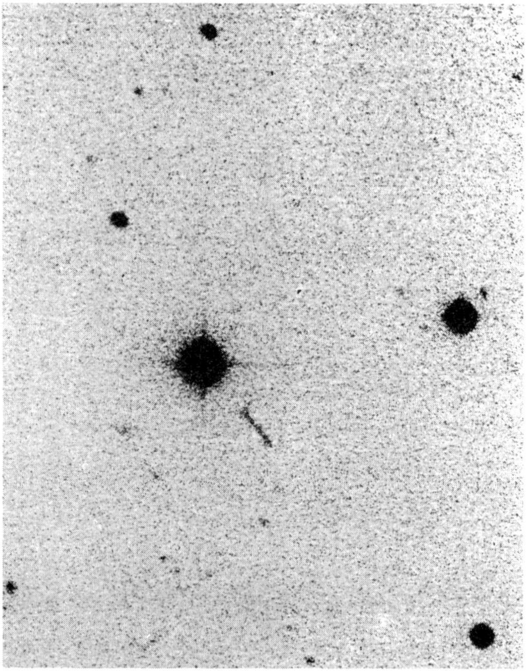

11. O quasar 3C 273 é o mais brilhante conhecido. Embora pareça uma estrela, encontra-se, na verdade, a uma imensa distância. As manchas tênues observadas abaixo do quasar são galáxias situadas à mesma distância que ele. O núcleo supera o brilho da galáxia por um fator de luminosidade de aproximadamente 1.000.

Evidentemente, o núcleo supera o brilho da galáxia subjacente por um fator de luminosidade de aproximadamente 1.000. É quase certo que os quasares sejam as mais poderosas fontes de energia de que temos conhecimento em qualquer parte do universo. Teremos muito a dizer sobre eles mais adiante, mas, por enquanto, assinalamos que a maioria das galáxias é mais ou menos normal e que só muito raramente encontramos objetos realmente exóticos, dotados de propriedades muito diferentes.

Avancemos novamente na escala. Já afirmamos que as galáxias são os componentes fundamentais do universo. Para fazer um mapa do universo na mais vasta escala, indicamos onde estão todas as galáxias nele localizadas. Verifica-se que elas estão longe de ter uma

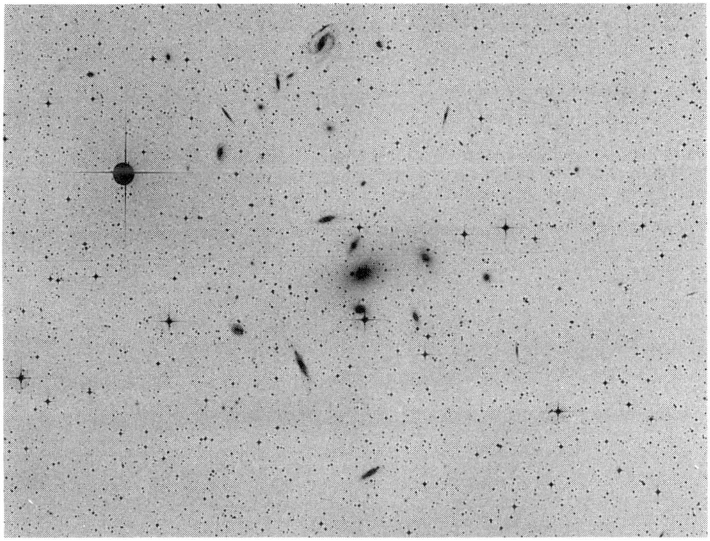

12. O aglomerado galáctico de Pavo. Nessa imagem, nossa galáxia se assemelharia às galáxias em espiral observadas na parte inferior da fotografia.

distribuição fortuita. Em geral, formam estruturas bastante irregulares, como veremos, mas há alguns grandes sistemas galácticos, os maiores sistemas interligados de que temos conhecimento no universo, conhecidos como *aglomerados de galáxias*. Nos grandes aglomerados de galáxias, pode haver muitos milhares delas, e os aglomerados se mantêm unidos pela atração gravitacional recíproca das galáxias. A Figura 12 mostra o Aglomerado de Pavo, e nossa própria galáxia não seria um membro particularmente notável — certamente, nada parecido com a monstruosa galáxia gigante do centro do aglomerado. O tamanho do aglomerado inteiro é de cerca de 50 a 100 vezes superior ao de nossa galáxia. Agora nos aproximamos de escalas muito grandes.

E que dizer de escalas ainda maiores? Essa é uma das áreas mais excitantes e importantes da cosmologia moderna. A distribuição das galáxias em escalas maiores não parece ser especialmente uniforme. Para termos uma idéia de como são essas estruturas, a Figura 13 é uma fotografia de todo o Hemisfério Galáctico Norte, produzida por James Peebles e seus colegas da Universidade de Princeton, em que

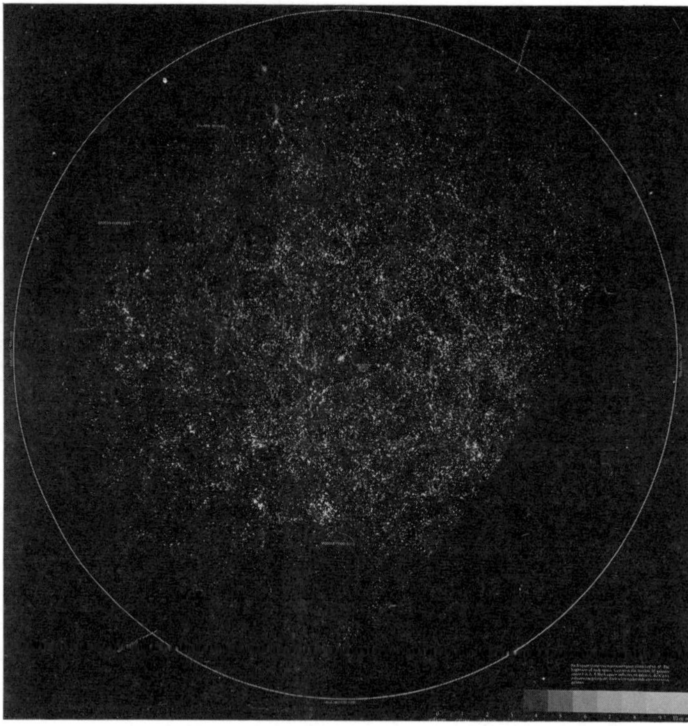

13. Imagem da distribuição das galáxias no Hemisfério Galáctico Norte. O centro do diagrama corresponde a uma visão vertical a partir do plano de nossa galáxia, enquanto o círculo branco externo corresponde a uma visão através do Plano Galáctico. O sistema de coordenadas foi escolhido de modo a preservar áreas iguais. A ausência de galáxias perto dos limites do diagrama deve-se à poeira obscurecedora no plano de nossa galáxia. A "dentada" tirada do diagrama na parte inferior direita deve-se ao fato de essa área do céu não ter sido inspecionada.

foram retiradas todas as estrelas de nossa própria galáxia — em outras palavras, ela mostra onde as galáxias se localizam no céu. Essa é uma visão do universo na mais ampla escala. Os aglomerados individuais são, simplesmente, os picos da distribuição das galáxias. Vocês podem ver que estas não parecem ser uniformemente distribuídas — há buracos, filamentos e camadas de galáxias. Essa estrutura em larga escala é belissimamente ilustrada pelos resultados do

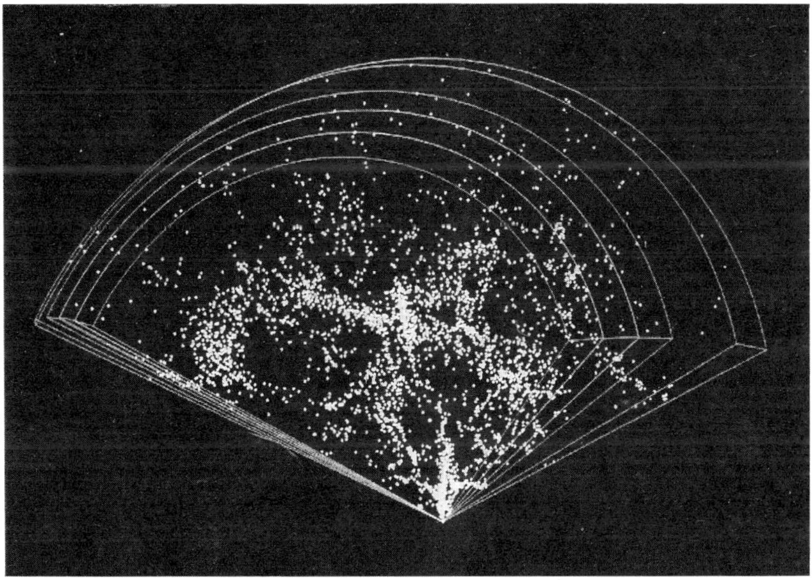

14. Distribuição das Galáxias no Universo próximo, tal como deduzida do Levantamento Galáctico de Harvard-CfA. Essa imagem é uma projeção da distribuição tridimensional das galáxias. A nossa está localizada no ápice dos segmentos em que foram medidas as distâncias das galáxias. A distribuição é francamente desprovida de uniformidade, com imensas camadas, filamentos e vazios na distribuição das galáxias.

Levantamento Galáctico do Observatório Smithsoniano de Astrofísica de Harvard. Nesse levantamento, mediram-se tanto as distâncias quanto as posições celestes de mais de 20 mil galáxias. A Figura 14 mostra a imagem tridimensional do universo produzida por Margaret Geller, John Huchra e seus colaboradores, a partir de uma parcela desse levantamento. Vocês podem observar que é possível ver grandes aglomerados de galáxias, assim como camadas e filamentos de galáxias, além de grandes buracos na distribuição delas, que costumam ser chamados de vazios. Trata-se de uma ilustração realmente notável das grandes irregularidades na distribuição das galáxias no universo.

Qual a melhor maneira de descrever essa distribuição das galáxias? Richard Gott e seus colegas de Princeton forneceram-nos uma resposta concisa e simples. Podemos pensar no Universo como algo muito semelhante a uma esponja. Vocês sabem perfeitamente que todo o material da esponja está ligado, caso contrário ela se desarticularia. E o que é muito mais notável é que os buracos também estão ligados! É o que acontece também no universo. Todos os buracos estão ligados, o mesmo acontecendo com as galáxias (o material da esponja). Os ricos aglomerados de galáxias tendem a se situar nos vértices da esponja, regiões em que vários pedaços dela se juntam. Pois bem, de que tamanho são esses buracos ou vazios? Verifica-se que os maiores até hoje identificados são cerca de 100 vezes maiores do que um aglomerado de galáxias. A origem dos buracos, camadas e fileiras de galáxias está entre os maiores desafios com que se defrontam os teóricos, e no Capítulo 4 explicaremos por que eles constituem um problema tão incômodo para a teoria. Por ora, porém, estamos apenas interessados em descrever o universo.

Bem, e quanto ao tamanho do próprio universo? Dito em termos muito simples, seu tamanho é apenas 50 vezes o de um dos grandes buracos ou vazios. Isso talvez os surpreenda. A razão por que isso não constitui realmente uma surpresa está em que temos de ter cuidado sobre o que queremos dizer com "tamanho do universo". Devemos agora introduzir um dos conceitos mais úteis à compreensão de como se pode estudar a origem e a evolução do universo. Teremos muita coisa a dizer sobre a luz dentro em pouco. A luz se propaga a uma enorme velocidade e tem sempre o mesmo valor elevado ao se propagar no vazio. Isso quer dizer que, quanto mais longe olhamos, maior é o tempo que leva a luz para chegar até nós. Assim, ao olharmos para objetos muito distantes, não estamos realmente vendo o universo tal como é agora, mas como era quando a luz foi emitida desses objetos, o que ocorreu num passado remoto. O que pretendo dizer com tamanho do universo é a distância até onde podemos observá-lo mais ou menos como é agora.

Deixem-me tentar tornar isso um pouco mais concreto. Nos Capítulos 4 e 5, mostrarei que vivemos num universo que se expandiu a partir de um estado realmente muito compacto, e que todas as galáxias estão se afastando dessa explosão inicial a que chamamos Big Bang. Pois bem, se voltarmos, não ao começo, mas apenas à época em que o universo tinha metade de sua idade atual, já não o estaremos olhando tal como é hoje, pois ele era muito mais jovem nessa época e, sem dúvida, expressivamente diferente do universo atual. Basta vocês lembrarem-se de como eram quando tinham

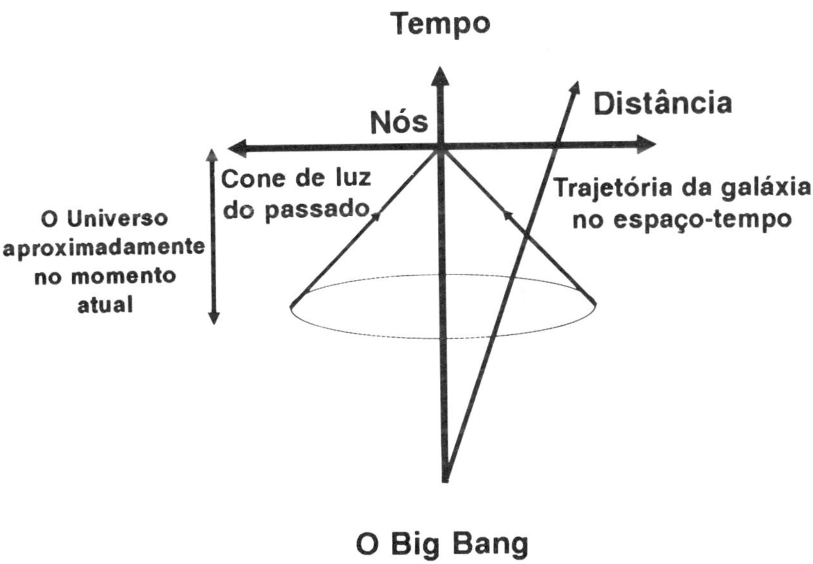

15. Um simples diagrama espaço-temporal para ilustrar o que pretendemos dizer com "tamanho do universo". O tempo corre verticalmente no diagrama e a distância o atravessa na horizontal. Quando observamos objetos distantes, estamos olhando para o passado. Vez por outra, ao olhar para muito longe, vemos o universo tal como se apresentava na época em que era muito mais jovem do que agora.

apenas metade de sua idade atual para se darem conta de que os objetos evoluem consideravelmente quando multiplicados por um fator 2 de tempo. Logo, o que pretendemos dizer com tamanho do universo atual é a distância até onde podemos vê-lo ao atingir mais ou menos sua idade atual, e essa distância tem aproximadamente o tamanho dos grandes buracos (Figura 15). Ora, há muito mais universo além dessa distância, só que não podemos vê-lo — a luz não consegue chegar até nós, vinda dessas regiões no tempo desde o momento em que foi emitida. Se olharmos para pontos cada vez mais longínquos, estaremos realmente olhando para trechos cada vez mais distantes do Universo, porém não como são agora, e sim como eram no passado muito, muito remoto. Estudaremos essas fases muito primitivas mais adiante.

Até aqui, viajamos desde nosso quintal, nosso sistema solar, até o limite do universo em apenas seis passos extraordinariamente modestos, e o mais notável é que não falamos em nenhum número imenso. Vimos falando de números pequenos, que nunca foram superiores a 30.000. Esse é um aspecto científico interessante, no sentido de que, quando os cientistas enfrentam o problema de lidar com uma faixa muito ampla de escalas, eles não raciocinam linearmente, em termos de todos os zeros no final dos números, mas logaritmicamente, ou seja, em termos de uma escala em relação a outra. Quando raciocinamos dessa maneira, o universo mostra-se, na verdade, um lugar muito aconchegante.

Até este ponto, mostrei-lhes uma imagem muito bonita, mas tendenciosa, de nosso universo. Todas as fotografias foram tiradas com telescópios ópticos, e isso introduz uma intensa distorção, pois as ondas de luz são apenas um dos tipos de ondas que podemos usar para examinar o Universo. O conceito que importa é a idéia de que a luz é apenas uma das formas do que chamamos *radiação eletromagnética*, ou seja, a radiação devida a campos elétricos e magnéticos oscilantes, descoberta feita pelo grande cientista escocês James Clerk Maxwell, um dos primeiros professores de filosofia natural da Royal Institution. Em virtude da transparência da atmosfera, a luz na faixa de onda óptica é uma forma sumamente simples e eficaz de estudar o universo. Entretanto, este não está particularmente interessado em nós ou em nossos olhos e, na verdade, os objetos astronômicos geralmente emitem ondas eletromagnéticas numa gama muito ampla de faixas de onda além da faixa de onda óptica.

É preciso entendermos duas coisas importantes a respeito dessas ondas. A primeira é que elas transportam energia. Se algum dia vocês já foram derrubados por uma onda quebrando na beira da praia, hão de saber muito bem que as ondas são capazes de arrastá-los. As ondas têm uma certa freqüência f, medida em ciclos por segundo, ou hertz, em homenagem ao cientista alemão que confirmou plenamente a teoria eletromagnética de Maxwell. As ondas também têm um comprimento, que é simplesmente a distância entre suas cristas, e darei a esse comprimento o nome da letra grega lambda, λ. Quando a luz ou as ondas eletromagnéticas se propagam no vácuo, o comprimento e a freqüência de onda relacionam-se com a velocidade da luz de acordo com a seguinte fórmula simples:

$$\lambda f = c$$

onde *c* é a velocidade da luz. Assim, quanto menor o comprimento de onda, maior a freqüência das ondas.

A segunda coisa é que, quanto menor o comprimento de onda (ou maior a freqüência), mais energia é transportada. Se percorrermos o espectro óptico desde o comprimento de onda do vermelho até o do azul e do ultravioleta, estaremos indo de freqüências mais baixas de oscilação das ondas eletromagnéticas para freqüências mais altas, ou, em termos equivalentes, de comprimentos de onda mais longos para outros mais curtos. Entretanto, o espectro eletromagnético se estende muito, muito além da extremidade vermelha, e muito, muito além da extremidade azul do espectro óptico.

As ondas de mais baixa freqüência usadas na astronomia são as *ondas de rádio*, que são aquelas que vocês podem captar com um receptor de rádio ou uma antena de televisão. Atualmente, fazemos cartas celestes com radiotelescópios, do mesmo modo como podemos fazê-las com telescópios ópticos. Se passarmos para comprimentos de onda um pouco mais curtos, ou para freqüências mais altas, entraremos na faixa de onda *infravermelha*. As câmaras infravermelhas que ajudam os encarregados de operações de salvamento a detectar corpos quentes em catástrofes como o terremoto da Armênia são simples exemplos de um dispositivo que nos permite "ver" no escuro. Elas também permitem o desenvolvimento de miras de tiro para fazer pontaria contra alvos quentes no escuro. Quando as pessoas falam em visão noturna, estão se referindo a ver a radiação infravermelha emitida pelos corpos quentes usando câmaras de infravermelho. Indo além da faixa de ondas óptica, chegamos às faixas do *ultravioleta* e dos *raios X*. Imagino que todos tenham feito uma radiografia em algum momento; trata-se apenas de ondas eletromagnéticas de altíssima freqüência que podem ser usadas para examinar se vocês estão com algum osso quebrado ou não — o que funciona porque os ossos absorvem mais raios X do que a pele e os músculos. Por fim, nas energias mais elevadas, existem os *raios gama* ou *raios* γ. Os raios de altíssima energia podem ser detectados por contadores Geiger e são produzidos na radiatividade natural e também nas explosões nucleares. Esse catálogo deixa claro que as ondas eletromagnéticas de uma faixa muito ampla de freqüências e comprimentos desempenham um papel importante na vida cotidiana.

O conceito fundamental seguinte é a idéia de que, quando os objetos estão em determinada temperatura, eles emitem sua mais intensa radiação num determinado comprimento de onda. Essa foi

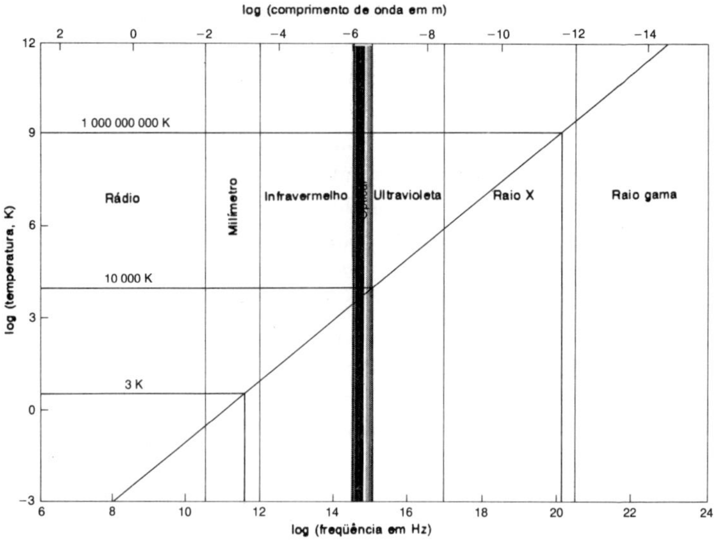

16. Relação entre a temperatura de um corpo negro e a freqüência (ou comprimento de onda) em que é emitida a maior parte da energia. Indicam-se as várias faixas de onda descritas no texto.

uma descoberta importante e maravilhosa, feita no fim do século passado — há uma relação muito simples entre a freqüência em que é emitida a maior parte da radiação de um corpo quente e sua temperatura. Na verdade, as duas são proporcionais entre si, o que é conhecido como *Lei do Deslocamento de Wien*, para lhes dar seu nome próprio. É útil anotarmos essa fórmula, pois ela contém muitos dados importantes para a astronomia. Se T é a temperatura de um corpo quente, a maior parte da radiação é emitida num comprimento de onda λ_{max} e numa freqüência f_{max}, que são dados por

$$f_{max} = 10^{11}\,T \quad \text{Hz} \qquad \lambda_{max} = \frac{3000}{T} \quad \mu\text{m}$$

onde a temperatura T é medida em kelvins (K), ou seja, temperaturas medidas em relação ao zero absoluto de temperatura, que corresponde a aproximadamente -273°C. O que isso significa é que, se virmos uma radiação proveniente de qualquer objeto, saberemos quanto calor esse objeto precisará ter para ser capaz de emitir a radiação

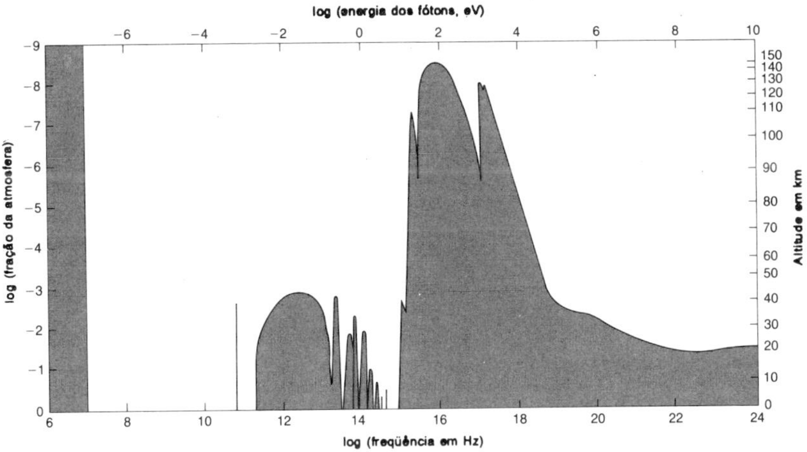

17. Transparência da atmosfera à radiação de diferentes comprimentos de onda. A linha cheia mostra a que altitude acima do nível do mar a atmosfera se torna transparente à radiação de diferentes comprimentos de onda.

naquele comprimento de onda. Essas relações são mostradas na Figura 16, onde a linha diagonal que vai da parte inferior esquerda até o alto à direita representa a Lei do Deslocamento de Wien. Vocês podem ler nesse diagrama a temperatura típica associada a determinado comprimento de onda ou freqüência. Também são mostradas as faixas de freqüência dos diferentes comprimentos de onda.

Para a astronomia, o problema é que apenas alguns desses comprimentos de onda são acessíveis aos observatórios baseados em terra. A Figura 17 mostra a que altitude acima do nível do mar deve ser colocado um telescópio para poder ver o céu fora da atmosfera terrestre. Como vêem, a astronomia óptica e a radioastronomia podem ser praticadas a partir do solo, mas a astronomia na faixa do ultravioleta, dos raios X e dos raios gama, assim como a astronomia infravermelha distante, têm de ser praticadas de um ponto acima da atmosfera terrestre, de preferência por observatórios instalados em satélites.

Verifica-se que o espectro de radiação de um corpo quente em determinada temperatura tem uma forma muito simples, originalmente deduzida pelo famoso cientista alemão Max Planck. Esse espectro característico é conhecido como radiação do corpo negro, e

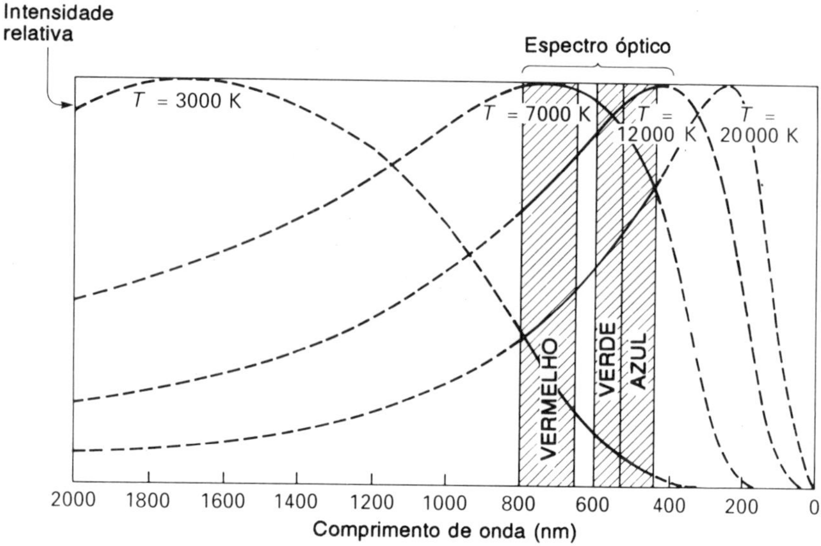

18. Ilustração dos espectros de radiação esperados dos corpos quentes a temperaturas diferentes. As linhas são espectros de um corpo negro e a faixa de comprimentos de onda indicada inclui a faixa de onda óptica. Esses espectros foram representados em escala para terem a mesma intensidade máxima.

é o espectro que se espera de um corpo quente em equilíbrio térmico com seu ambiente. Isso significa que o corpo e seu meio ambiente devem ter ficado juntos por muito tempo, para que todos os processos de absorção tenham sido compensados pelos processos de emissão correspondentes. Uma ilustração simples desses resultados no tocante às observações ópticas aparece na Figura 18. Ali, mostro as distribuições de energia emitidas por diferentes corpos quentes na faixa de onda óptica. Pois bem, boa parte da radiação é emitida fora dessa estreita faixa de freqüências, e isso é mostrado como linhas tracejadas em comprimentos de onda fora da janela óptica. Também mostro as distribuições térmicas de radiação esperadas de corpos a temperaturas de 3.000, 7.000, 12.000 e 20.000 K. Podemos ver que, à medida que a temperatura aumenta, o máximo do espectro de radiação desloca-se para comprimentos de onda cada vez menores. Destaquei as faixas de onda vermelha, verde e azul do espectro óptico porque essas são as cores familiares dele.

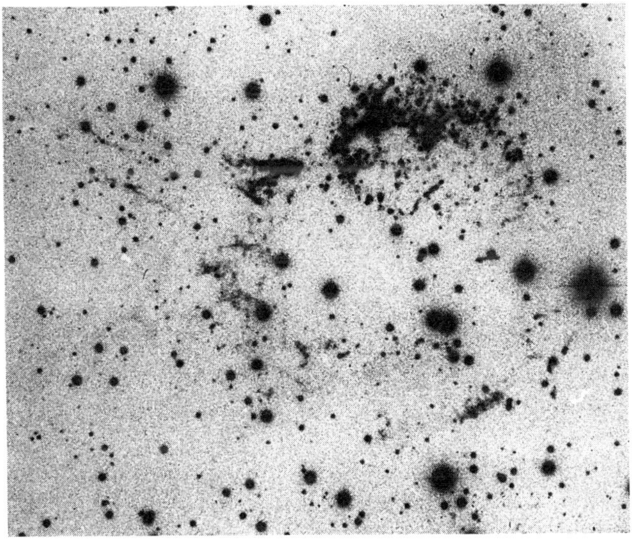

19. Fotografia óptica dos restos da supernova Cassiopéia A. Os filamentos esfiapados afastam-se da estrela em explosão a uma velocidade de aproximadamente 10.000 km por segundo.

Podemos observar que as estrelas frias são predominantemente vermelhas, as estrelas quentes são predominantemente azuis e, no meio, uma estrela como o Sol, que tem uma temperatura de cerca de 6.000 K, apresenta uma mistura aproximadamente igual das cores vermelha, verde e azul, o que a torna mais ou menos branca, com um toque de amarelo!

Esse é um resultado muito importante, pois nos diz que, quando olhamos para o universo em diferentes faixas de onda, sejam elas as faixas de rádio, infravermelha, óptica, de raios X ou de raios gama, olhamos para diferentes imagens de temperatura do universo. É como se fôssemos tirar fotografias da Terra e, em primeiro lugar, fotografássemos o ponto onde está toda a matéria fria (digamos, a 0°C), depois tirássemos uma foto a uma temperatura de 15°C e, por último, uma foto da Terra a 25°C; é fácil vocês entenderem que obteríamos fotografias muito diferentes. Na astronomia moderna, podemos olhar para objetos com temperaturas situadas a poucos graus do zero absoluto e para outros com temperaturas que chegam a 1 bilhão de K ou mais.

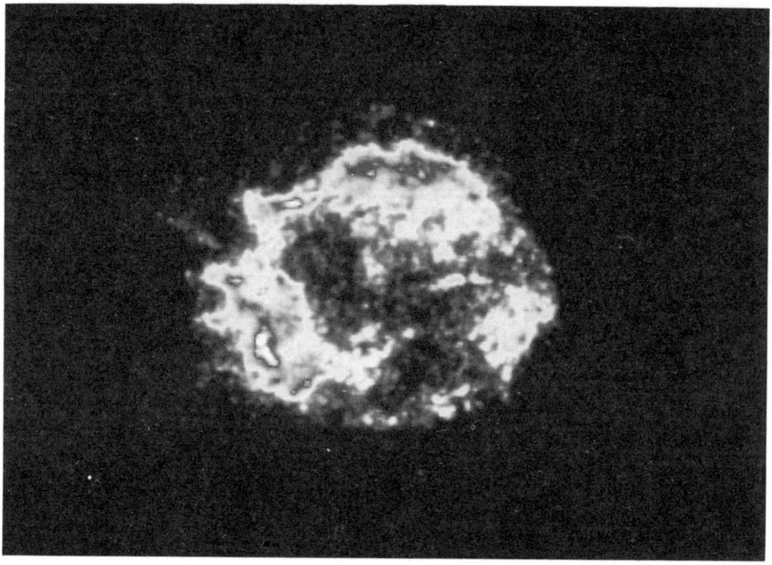

20. Imagem de raios X dos restos da supernova Cassiopéia A. É evidente que o gás foi aquecido a temperaturas muito elevadas pela explosão estelar.

Vamos demonstrar como isso funciona com determinado objeto. A Royal Institution é famosa por suas explosões, e, portanto, examinemos uma estrela em explosão, tal como vista em diferentes faixas de onda. Vamos olhar para os restos de uma estrela que explodiu há cerca de 250 anos na constelação de Cassiopéia. Primeiramente, vejamos sua aparência na faixa de onda óptica padronizada (Figura 19). Percebe-se que esses filamentos ópticos dispersos estão se expandindo para longe do local da explosão. Esses filamentos se resfriam, irradiando sua energia na faixa de onda óptica, porque suas temperaturas se situam na faixa certa. Mas o objeto é muito mais espetacular na faixa de onda dos raios X. A Figura 20 mostra exatamente o mesmo objeto, mas agora observado pelo satélite de raios X Einstein, há cerca de dez anos. Vocês podem ver que os restos contêm uma esfera de gás muito quente. Sua temperatura típica é de cerca de 10 milhões K, numa vez que foi observado na faixa de onda dos raios X.

Outro exemplo muito bom consiste em olhar para a região mais próxima da Terra, onde algumas estrelas maciças estão nascendo

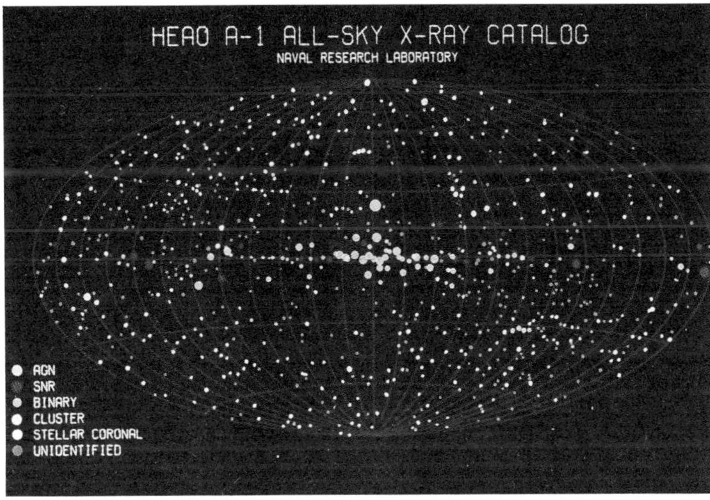

21. Imagem de raios X da totalidade do céu em projeção idêntica à Figura 4 obtida através do satélite HEAO-1.

agora. Na faixa de onda óptica, vemos a Nebulosa de Órion, com suas belas estruturas ópticas filamentares (Figura 34). Todo esse gás está a uma temperatura de aproximadamente 10.000 K e é aquecido pelas jovens estrelas azuis, as quatro estrelas do Trapézio no centro da nebulosa. Quando a examinamos nas regiões infravermelhas e milimétricas do espectro, vemos uma imagem completamente diferente, de um material muito mais frio, a partir do qual se estão formando estrelas ainda mais jovens (Figura 37). Teremos muita coisa a dizer sobre isso no próximo capítulo.

É hora de olharmos novamente para todo o céu, mas agora vamos olhá-lo em todas as diferentes faixas de onda mencionadas anteriormente. Antes de mais nada, lembremo-nos da Figura 4, que mostra o Universo tal como o conhecemos e amamos, ou seja, na faixa de onda óptica. Um dos problemas da astronomia é que a esfera celeste acima de nós dispõe-se sobre a superfície de uma esfera, mas temos de traçar nossos mapas estelares em pedaços de papel bidimensionais. A projeção específica exibida na Figura 4 é conhecida como projeção de Aithof e, nela, o plano de nossa galáxia é colocado bem no meio do diagrama, com o centro da galáxia no centro da projeção, o Pólo Galáctico Norte ao alto e o Pólo Galáctico Sul abaixo.

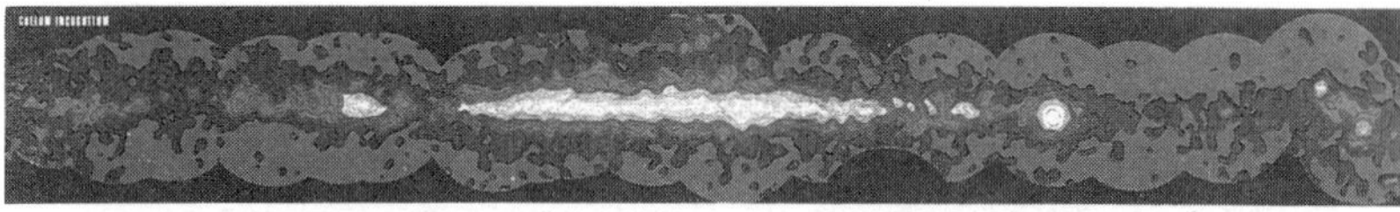

22. Mapa de raios gama da Via-Láctea, tal como observada pelo satélite COS-B.

Algumas áreas do diagrama são preservadas, mas, para fazê-lo, é preciso recurvar muito as coordenadas, e é por isso que o diagrama tem uma curiosa aparência achatada nos Pólos Galácticos Norte e Sul. Essa fotografia óptica do céu inclui todas as estrelas, até aproximadamente a décima magnitude, além de todas as nebulosas vistas no plano da Via-Láctea. A maior parte da luz que vemos nessa imagem deve-se a objetos que emitem radiação a temperaturas entre 3.000 e 10.000 K, e vocês podem ver que os principais objetos são nuvens de gás e estrelas. Existem excelentes razões astrofísicas para explicar por que as estrelas emitem radiação com temperaturas de superfície situadas nessa faixa, e teremos de examinar isso mais tarde. As galáxias são simples coleções de estrelas e nuvens de gás, e é por isso que as observamos tão esplendidamente na faixa de onda óptica. Vocês podem ver nossas duas galáxias anãs vizinhas, as Nuvens Magelânicas, na parte inferior direita da imagem.

Examinemos agora uma imagem mais quente do céu. A Figura 21 é um mapa celeste na faixa de onda dos raios X, feito pelo satélite-observatório HEAO-1, e vocês podem ver que a imagem é totalmente diferente. Há alguns objetos concentrados no Plano Galáctico, mas são muito menos numerosos do que no caso da fotografia óptica, e a razão disso é muito simples. Os objetos quentíssimos, que emitem radiação a temperaturas de cerca de 10.000.000 K, são muito raros em nossa galáxia. Há duas grandes categorias de objetos galácticos. Muitos deles são tipos muito especiais de estrelas binárias, nos quais uma estrela extremamente compacta emite radiação a uma temperatura elevadíssima em virtude da massa que cai da estrela companheira sobre ela. A outra grande categoria consiste nos restos de estrelas em explosão (restos de supernovas) e nas estrelas mortas formadas nas explosões. Aprenderemos muito mais sobre as fontes binárias de raios X quando discutirmos os núcleos galácticos ativos e os quasares, no Capítulo 3. Vocês também verão que há uma grande população de objetos longe do Plano Galáctico, em número muito maior do que havia na imagem óptica. Trata-se, em sua maioria, de galáxias e quasares ativos situados a distâncias imensas. A razão de aparecerem no céu é que esses objetos são emissores muito luminosos de raios X. Há também alguns aglomerados de galáxias que contêm um gás realmente quentíssimo no espaço intergaláctico.

Podemos agora passar a temperaturas ainda mais elevadas e examinar o mapa celeste feito com o uso de raios gama (Figura 22). Essa imagem do plano de nossa galáxia foi feita pelo satélite COS-B, da Agência Espacial Européia. Vocês podem notar que não se trata de uma imagem completa do céu, porque esses raios gama chegam em índices realmente baixíssimos. Ao longo do período de dez anos, desde que o satélite foi posto em órbita, registraram-se apenas cerca de 3.000 eventos de raios gama, mas a imagem que deles resulta é fascinante. Como vocês vêem, o grosso da radiação restringe-se a uma fina camada no plano de nossa galáxia, e a temperatura desse gás deve ser bem superior a 1 bilhão K. Na verdade, essa radiação está associada a partículas de altíssima energia que enchem o espaço interestelar. A radiação de raios gama se deve a colisões entre esse gás muito quente e a matéria mais fria que existe entre as estrelas.

Passemos agora a comprimentos de onda muito maiores do que os ópticos, correspondendo a cerca de 60 ou 100μm. A Figura 23 mostra o mapa da totalidade do céu observada nessa faixa de onda pelo satélite IRAS. Esses comprimentos de onda correspondem a temperaturas muito abaixo da temperatura ambiental — na verdade, a cerca de 30 a 50 K, que correspondem a aproximadamente -240 a -220°C. Mais uma vez, vocês podem ver que há uma distribuição muito estreita de uma intensa radiação ao longo do plano de nossa galáxia. Essa matéria é muito fria, mas a radiação é intensíssima, devendo-se à radiação da poeira fria situada no plano da galáxia. Por que ela apresenta essa baixa temperatura? A razão é que, embora ela não seja muito quente, ainda assim deve ser aquecida por alguma coisa, caso contrário simplesmente se resfriaria até uma temperatura efetivamente baixíssima, irradiando para longe sua energia interna. O que acontece é que, no plano da galáxia, os grãos de poeira são aquecidos pela radiação quente das estrelas em processo de formação ou por estrelas que estão morrendo. Acredita-se que essa seja a fonte da maior parte dessa radiação infravermelha distante e teremos muito a dizer a esse respeito no próximo capítulo, ao estudarmos o modo como se formam as estrelas. A radiação infravermelha da

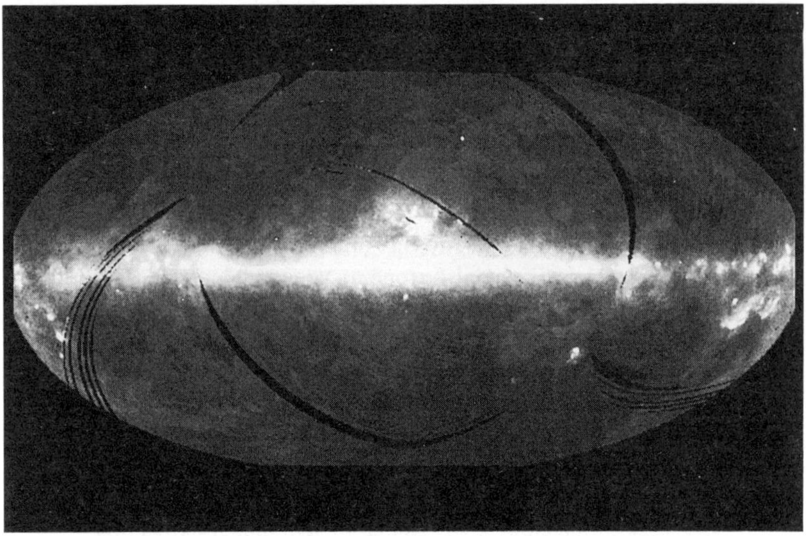

23. O céu inteiro, tal como observado pelo satélite astronômico infravermelho IRAS nas faixas de onda de 60 a 100μm.

poeira fria é um dos mais importantes processos para compreendermos como se formam as estrelas. Existe um belíssimo exemplo da importância dessas observações. Vocês devem estar lembrados de como a fotografia óptica da galáxia (Figura 4) foi obscurecida pela poeira. Um aspecto fundamental da faixa de onda infravermelha é que, nesses comprimentos de onda, a poeira torna-se transparente. Por isso é que pudemos obter uma imagem tão nítida do disco e do núcleo de nossa galáxia, a partir das observações do infravermelho próximo feitas com o satélite COBE (Figura 5): realmente vivemos numa galáxia espiralar dotada de um núcleo central!

Vamos a temperaturas ainda mais baixas. À medida que avançamos em direção ao frio, esperamos observar objetos cada vez mais frios, e a Figura 24 é uma imagem total do céu a um comprimento de onda de apenas 5,7 mm. Isso corresponde a temperaturas situadas a cerca de apenas 1 K acima do zero absoluto. Essa imagem difere drasticamente de todas as outras que vimos até agora. Nas outras fotos, vimos uma Via-Láctea claramente definida e depois, ocasionalmente, alguma evidência de fontes distantes dela. Na Figura 24, vocês podem ver que há um vestígio da Via-Láctea ao longo do

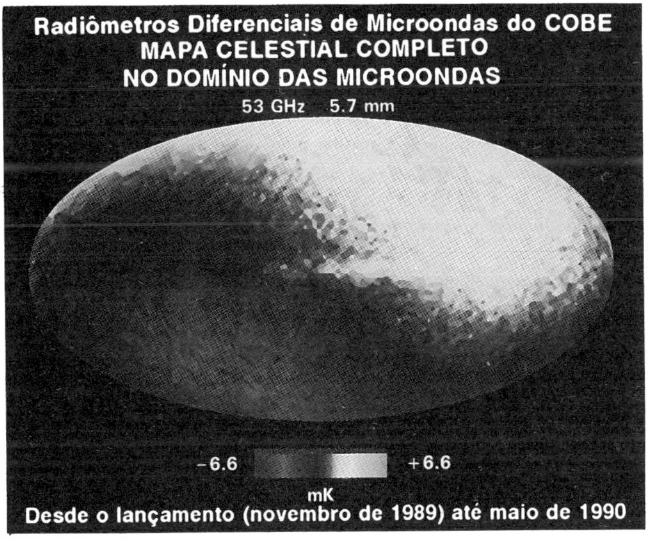

24. Mapa da totalidade do céu, tal como observado na faixa de onda milimétrica e num comprimento de onda de cerca de 5,7 mm pelo satélite COBE. A imagem é dominada pelo componente dipolo da radiação cósmica de microondas.

centro do diagrama, o que nos diz que ainda há algum gás frio presente no plano da galáxia, mas vocês hão de notar que a imagem é dominada por uma intensa radiação, que é quente na parte superior direita do mapa e fria na parte inferior esquerda. Essa imagem, na verdade, não é da intensidade total da radiação, mas apenas dos desvios de temperatura em relação a uma temperatura uniforme de 2.736 K. Trata-se de uma imagem da famosa radiação cósmica de fundo, a radiação criada nos primeiros estágios do Big Bang Quente, sobre a qual falaremos no Capítulo 5. O importante acerca dessa radiação fria é que ela tem o espectro essencialmente perfeito de um corpo negro, uma das mais notáveis observações da cosmologia moderna, feita somente no ano passado pelo satélite Explorador da Radiação Cósmica de Fundo (Cosmic Background Explorer — COBE) da NASA. Preciso mostrar-lhes esse belo espectro — é o mais perfeito espectro de um corpo negro de que tenho conhecimento em qualquer parte da natureza (Figura 25). No Capítulo 5, explicaremos por que ele tem essa forma de espectro.

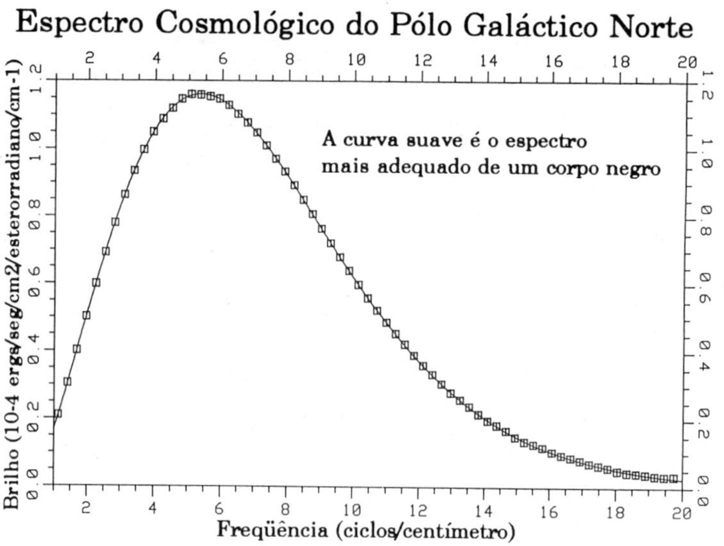

25. Espectro da radiação cósmica de fundo de microondas medido pela experiência com o COBE. O espectro é o de um corpo negro perfeito a uma temperatura de 2.736 K.

Prosseguindo para comprimentos de onda ainda maiores, os comprimentos de onda de rádio, esperaríamos ver o material mais frio de todos, mas, na verdade, não é o que acontece. A imagem que vemos na Figura 26 torna a mostrar o Plano Galáctico, mas, desta vez, há esporas e plumas saindo dele. Os elétrons de energia ultra-elevada, girando em campos magnéticos, produzem essa intensa emissão observada na faixa de ondas de rádio. Ela se assemelha à radiação vista em muitos outros objetos ativos e exóticos, e teremos muito a dizer a respeito desse processo no Capítulo 3.

O mais importante que aprendemos neste capítulo é que devemos examinar o universo em todas as faixas de onda, a fim de avaliar plenamente como ele de fato é. Sabemos que o universo contém estrelas, galáxias e gás quente, mas também temos de explicar de onde vêm as partículas de alta energia e os campos magnéticos. Nossa moderna visão do universo é que há muitas fases quentes e frias na maioria dos objetos, e o que temos de fazer nos quatro capítulos seguintes é situar todas essas observações dentro de um contexto, para criar uma imagem convincente da origem e evolução das estrelas, das galáxias, dos quasares e do próprio universo.

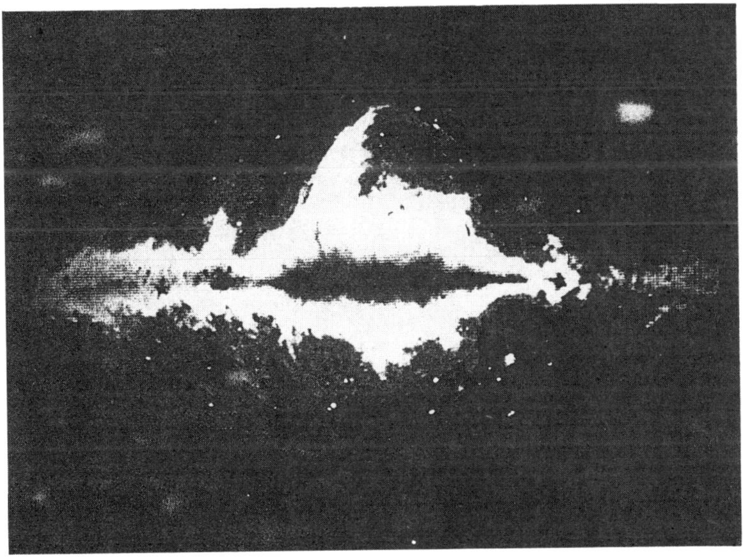

26. Radioemissão da galáxia a um comprimento de onda de 73 cm, medido pelo grupo do Instituto Max Planck de Radioastronomia, em Bonn.

2

O Nascimento das Estrelas e o Grande Ciclo Cósmico

O tema deste capítulo são as estrelas e a maneira como são formadas. A maior parte da massa visível de nossa galáxia está ligada às estrelas e, conseqüentemente, deve haver modos muito eficientes de condensar o que a princípio era um gás sumamente difuso nos objetos a que chamamos estrelas. Examinemos as estrelas comuns ou do jardim, para começar. Como funcionam elas? A resposta a essa pergunta só pôde ser plenamente avaliada quando se compreendeu o processo de fusão nuclear. Antes disso, tinham-se feito cálculos para estimar por quanto tempo uma estrela como o nosso Sol poderia continuar a brilhar no ritmo atual, dada a idade conhecida de nosso sistema solar, que é de cerca de 4,6 bilhões de anos. Se vocês fizerem esse cálculo, ficarão muito rapidamente convencidos de que o Sol não pode ser energizado pela energia química ou por qualquer das formas mais convencionais de geração de energia. Em 1920, porém, o cientista inglês Arthur Eddington assinalou, na comunicação que fez à assembléia da Associação Britânica em Cardiff, que a conversão nuclear de quatro núcleos de hidrogênio num núcleo de hélio podia liberar 1/120 da energia da massa de repouso de cada núcleo de hidrogênio. Tal conclusão presciente revelou-se absolutamente correta e esse processo nuclear é realmente a fonte de energia do Sol.

O processo de geração de energia nuclear no Sol é muito simples. A maior parte da matéria do universo existe sob a forma de hidrogênio, que é o mais leve de todos os elementos químicos. Cada átomo de hidrogênio consiste num núcleo — nesse caso, um único próton com uma única carga positiva — cercado pela nuvem de carga negativa associada a um único elétron. Os elementos mais pesados, como o hélio, o carbono e o oxigênio têm núcleos mais

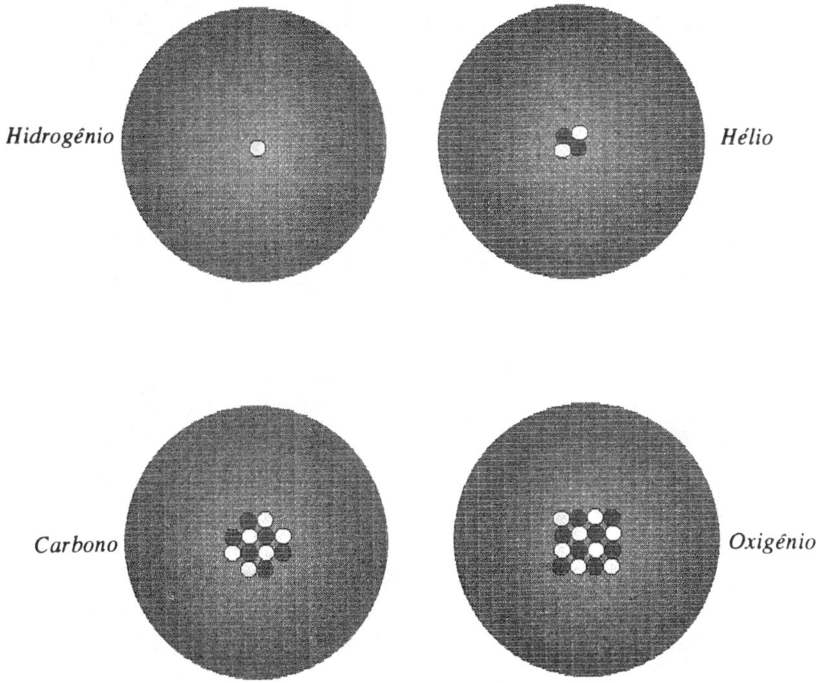

27. Imagens esquemáticas dos átomos de hidrogênio, hélio, carbono e oxigênio. O hidrogênio consiste num único próton, que tem uma única carga positiva, cercada pela nuvem de carga associada a um único elétron de carga negativa. O núcleo do hélio consiste em dois prótons e dois nêutrons. O nêutron não tem carga elétrica e, portanto, a nuvem de carga associa-se a dois elétrons de carga negativa. Do mesmo modo, o núcleo do carbono contém seis prótons e seis nêutrons, e o oxigênio tem oito prótons e oito nêutrons.

pesados que os do hidrogênio e compostos de partículas chamadas núcleons, que são os prótons ou seus gêmeos naturais, os nêutrons (Figura 27).

O fato de os núcleons se juntarem em núcleos, em vez de permanecerem isolados, significa que lhes é energeticamente favorável combinarem-se para formar núcleos mais pesados. É propriedade geral dos processos naturais que eles tentem atingir seu mais baixo estado energético. Isso significa que, quando se produz o elemento mais pesado seguinte, o hélio, a partir de núcleos de hidrogênio, há

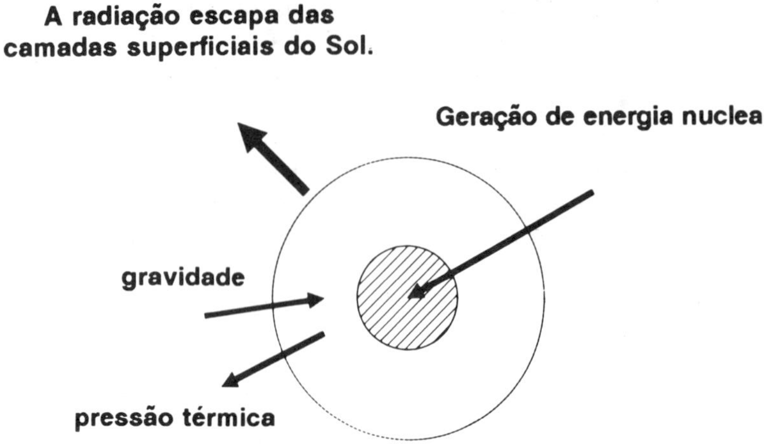

28. Diagrama esquemático mostrando a estrutura interna do Sol. O Sol se preserva contra a força de atração gravitacional através de gradientes de pressão interna.

uma certa sobra de energia. Se não houvesse nenhuma liberação de energia nesse processo, o hélio e os elementos mais pesados não poderiam ser naturalmente formados a partir do hidrogênio. É essa reação — a síntese do hélio a partir do hidrogênio — que energiza estrelas como o Sol. A compreensão do modo de funcionamento das estrelas parecidas com o Sol é um dos grandes triunfos da astrofísica moderna e está entre as mais exatas das ciências astrofísicas. A região em que ocorrem essas reações nucleares ocupa aproximadamente os 10% centrais do Sol, calculados pelo seu raio. Para que ocorram as reações nucleares, a temperatura central tem de ser realmente muito elevada. Uma vez iniciadas, no entanto, elas geram, nas regiões centrais, enorme quantidade de energia que, então, se difunde pelo Sol até a superfície, onde a observamos como radiação óptica. É isso que queremos dizer com "estrelas normais": elas são regiões do universo em que a densidade do gás e a temperatura são tão elevadas que em seu interior se iniciam reações nucleares, as quais constituem a fonte de sua imensa luminosidade.

Ora, está tudo muito bem, mas como havemos de saber se isso está certo? Afinal, só podemos observar diretamente a superfície do Sol, a região de onde provém toda a luz, e apenas inferir indiretamente como devem ser as entranhas solares partindo das propriedades da superfície (Figura 28). Esse continua a ser um dos aspectos mais importantes da física solar, mas há agora duas outras maneiras de observar as profundezas do Sol. A primeira delas já tem mais de 20 anos e consiste em procurar partículas criadas nas reações nucleares, que mal chegam a interagir com o material solar. Estas são as famosas partículas conhecidas como *neutrinos.*

Que são os neutrinos? São partículas implicadas em certos tipos de reações nucleares, as interações fracas, e sua existência foi prevista na década de 1930. Entretanto, eles são muito difíceis de detectar, pois mal chegam a ter alguma interação com a matéria. Só foram experimentalmente detectados nos anos 50, quando se colocaram imensos detectores sob um reator nuclear. Os neutrinos são liberados em número absolutamente imenso no centro do Sol. Por terem uma interação tão fraca com a matéria, eles escapam mais ou menos diretamente do centro do Sol, sem colidir com parte alguma de seu material. A cada segundo, há cerca de 10^{15} neutrinos passando por um metro quadrado na distância que nos separa do Sol, mas é tão fraca sua interação com a matéria que não lhes reconhecemos a presença.

É importantíssimo que se façam esforços especiais para detectar esse fluxo de neutrinos solares, pois ele pode nos dizer se nossa física e astrofísica estão corretas no que diz respeito ao centro do Sol. Na verdade, os neutrinos solares foram detectados por um enorme esforço do Dr. Raymond Davies e seus colaboradores, em Dakota do Sul, nos últimos 20 anos. Eles construíram um imenso tanque subterrâneo contendo a substância química chamada percloroetileno, que se assemelha a um líquido de limpeza e tem a importante vantagem de conter grande quantidade de átomos de cloro. Em raríssimas ocasiões, um neutrino choca-se com um núcleo de cloro e o converte num núcleo de argônio radiativo. O gás do argônio radiativo é levado para fora e a quantidade de argônio produzida é medida pelo volume de radiatividade devido aos isótopos de argônio em decomposição. A boa notícia é que os neutrinos solares foram detectados — e a má notícia é que eles são pouquíssimos. Esse é um dos grandes problemas da astronomia moderna.

Quando se fazem cálculos utilizando o que há de mais avançado na física e na astrofísica nucleares, ainda há uma discrepância de um fator de aproximadamente 3 entre o valor esperado e o observado (Figura 29). Não se conhece a solução desse problema no momento. Não sabemos se há alguma parte da física nuclear que ainda não

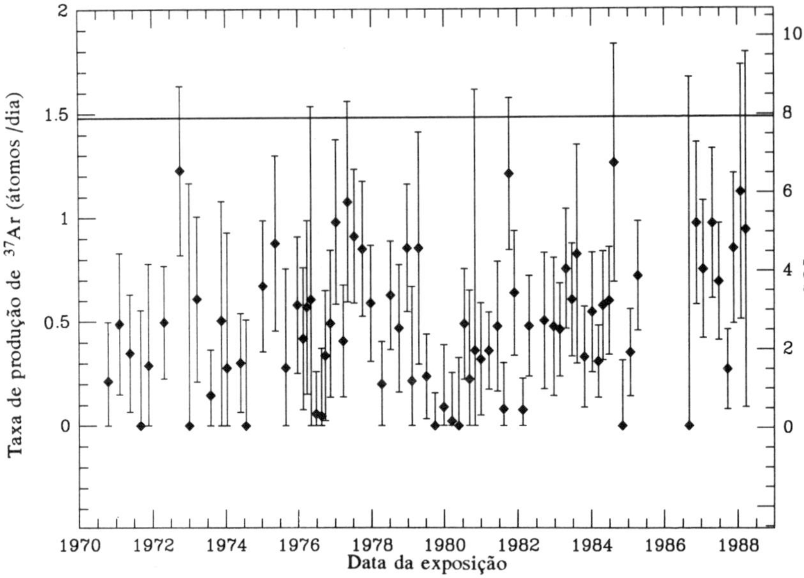

29. Comparação do fluxo observável de neutrinos solares com as observações realizadas na mina Homestake durante o período de 1970 a 1988. Pode-se verificar que a taxa média de produção de argônio radiativo, igual a 0,462 átomos de ^{37}Ar por dia, é expressivamente inferior à taxa de produção esperada, de aproximadamente 1,5 átomo por dia.

tenha sido adequadamente incluída nos cálculos, ou se a astrofísica que determina as propriedades do Sol não está inteiramente correta. Novas informações cruciais estarão disponíveis muito em breve, pois, até o presente, os experimentais só puderam procurar neutrinos de energia relativamente alta, e existem, além destes, neutrinos de energia mais baixa produzidos em quantidades muito maiores. Dois importantes experimentos, utilizando o gálio como detector, estão atualmente em andamento para detectar esses neutrinos de energia mais baixa, e os primeiros resultados deverão ser fornecidos em breve. Esses experimentos determinarão se existe ou não uma diferença real entre as previsões dos modelos e a teoria. Portanto, fiquem de olho nas publicações científicas: os resultados são cruciais para toda a astronomia.

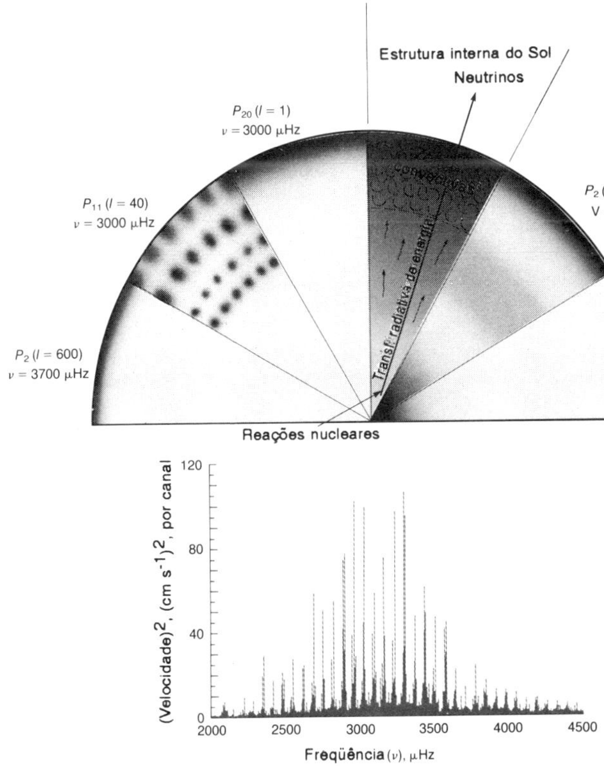

30. (Alto) Diagrama esquemático mostrando a estrutura interna do Sol. Mostram-se também exemplos de como as diferentes modalidades de oscilação do Sol podem ser usadas para sondar as condições de temperatura e densidade a diferentes profundidades solares. (Abaixo) Exemplo do espectro de freqüência das oscilações solares, mostrando a fissão da estrutura fina associada ao pareamento entre a rotação e os modos normais de oscilação do Sol.

Um segundo avanço notável dos últimos dez anos foi uma forma inteiramente nova de estudar a estrutura interna do Sol. Quando se percute um sino, ele produz um ruído vibratório e, se analisarmos as freqüências de sua vibração, poderemos calcular alguma coisa sobre a estrutura do sino e sua razão de produzir o som que produz. Exatamente do mesmo modo, se vocês percutirem o Sol, ele ressoará em suas freqüências naturais de vibração. O Sol, na verdade, é

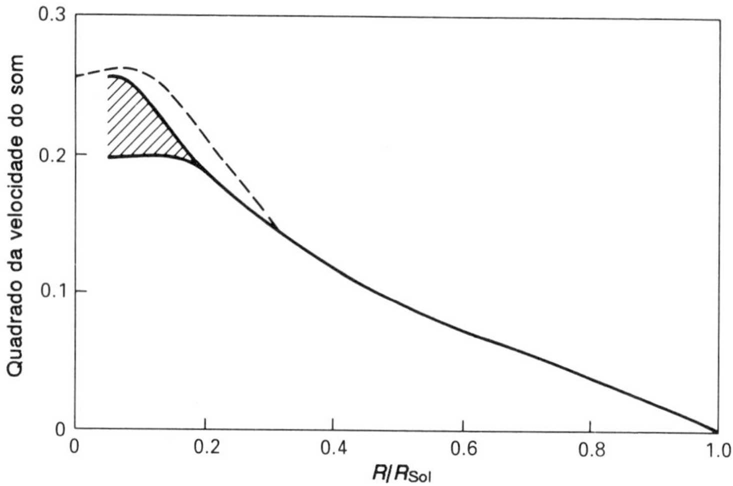

31. Velocidade do som no interior do Sol como função da distância de seu centro, tal como derivada da teoria (linha tracejada) e dos limites obtidos pela sismologia solar (linhas cheias).

constantemente perturbado de dentro para fora pelos movimentos turbulentos e convectivos de seu interior, mas a amplitude das vibrações solares resultantes é muito pequena e requer extrema sofisticação experimental para ser detectada. Entretanto, essas vibrações foram agora medidas e vocês podem compreender por que essa é uma área de pesquisa tão instigante. As freqüências de oscilação de um sino, ou do Sol, dependem não apenas das propriedades de sua superfície, mas também das propriedades da massa do objeto, até chegar ao seu próprio centro. Assim, estudando as ressonâncias do Sol, podemos inferir quais devem ser sua densidade interna e sua estrutura de temperatura (Figura 30).

Os teóricos podem usar essas oscilações para calcular não apenas a estrutura de temperatura e densidade, mas também a rotação interna do Sol. Um exemplo da precisão com que se pode determinar a estrutura interna do Sol através dessa técnica aparece na Figura 31. Ali se vê que a concordância entre a teoria e a observação é excepcionalmente boa. Em alguns dos mais recentes experimentos de um grupo de pesquisa da Universidade de Birmingham, verificou-se que os modelos astrofísicos da estrutura solar parecem notavelmente bons, inclusive no que concerne ao núcleo do Sol. Esses resultados foram obtidos com base nos primeiros conjuntos de observações sistemáticas das oscilações solares. A próxima geração de instrumentos, tanto em terra quanto no espaço, aperfeiçoará enormemente nossa compreensão da estrutura interna do Sol. Um dos excitantes projetos que os astrônomos já estão tentando executar consiste em observar esses mesmos tipos de oscilação em estrelas próximas. Convém enfatizar, contudo, que a sismologia estelar, mesmo das estrelas próximas, é muito difícil e exigirá enormes telescópios e um bocado de tempo de observação.

Montemos agora um quadro de como as estrelas evoluem. É isso que chamo de *grande ciclo cósmico*. As estrelas como o Sol são muito estáveis, no sentido de queimarem regularmente o combustível nuclear de seu centro e de a energia liberada difundir-se para as regiões externas, terminando como a luz que vemos em sua superfície. A maioria das estrelas que observamos no universo acha-se em estado semelhante ao do Sol, no sentido de que sua principal fonte de energia nuclear é a conversão do hidrogênio em hélio. Essa é, fora de dúvida, a fase mais longa da vida de uma estrela, e as estrelas como o Sol, por exemplo, permanecem nesse estado por cerca de 10 bilhões de anos. Todas as estrelas nesse estado têm uma relação muito bem definida entre sua luminosidade e sua temperatura superficial; as que preservam essa relação são chamadas de *estrelas da seqüência principal* (Figura 32).

Durante esse longo período na seqüência principal, a estrela continua a queimar hidrogênio e transformá-lo em hélio, mas depois, quando cerca de 12% de sua massa são convertidos em hélio, ela se torna instável. As regiões centrais começam a se contrair, enquanto as camadas externas se expandem. Esse processo resulta na formação do que conhecemos pelo nome de *estrelas gigantes*. O centro continua a se contrair e a se aquecer, enquanto o envoltório se expande por um fator imenso, criando uma estrela de raio muitos milhares de vezes maior do que o da estrela da seqüência principal de onde ela proveio. Por serem muito grandes, as gigantes têm grande luminosidade e, desse modo, embora sejam muito mais raras do que as estrelas da seqüência principal, não são difíceis de se encontrar. Enquanto isso ocorre, o núcleo da estrela continua a se contrair e aquecer, tentando chegar a um estado de ligação mais elevado. À medida que se contrai, o núcleo torna-se mais aquecido e acaba por se tornar tão quente que converte o hélio em carbono. Na medida em que cada nova fase da combustão nuclear é acionada,

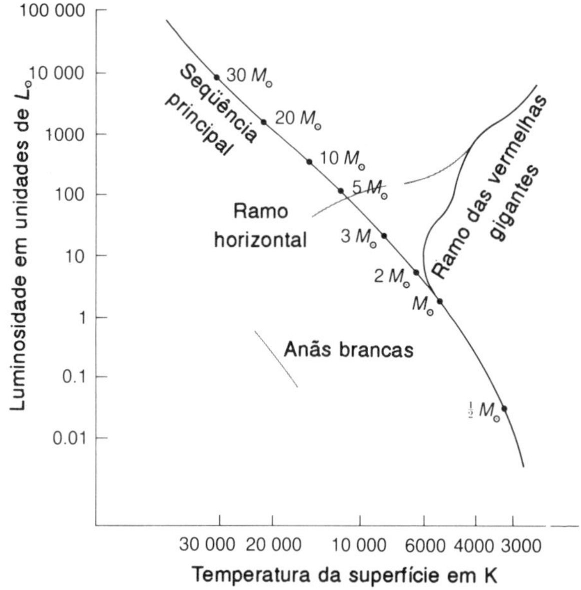

32. Diagrama da luminosidade-temperatura superficial das estrelas, também conhecido como diagrama de Hertzsprung-Russell. As estrelas não ocupam todas as regiões desse diagrama, mas compõem várias seqüências. A maioria delas situa-se ao longo de uma faixa que se estende da parte inferior direita até a superior esquerda do diagrama e que é conhecida como *seqüência principal*. O *ramo das gigantes* estende-se da seqüência principal até a área superior direita do diagrama. As massas de estrelas em vários pontos ao longo da seqüência principal são indicadas em relação à massa solar M_o.

a estrela passa por um considerável rearranjo interno de sua estrutura. Nas estrelas mais massivas, o carbono pode acabar por se transformar, através da combustão, em elementos ainda mais pesados, como o silício e o ferro.

Enquanto se dão esses diferentes processos de combustão nuclear, a estrela desloca-se progressivamente para a ramificação das gigantes ilustrada na Figura 32, com várias excursões breves pelo diagrama, na medida em que vão sendo acionados os diferentes processos de combustão nuclear. Em dado momento, esgotam-se os possíveis estados de estabilidade da estrela e as regiões centrais sofrem um colapso catastrófico. Nesse processo, é provável que ocorra uma imensa explosão e que a estrela acabe como algum tipo de estrela morta — uma *anã branca*, uma *estrela de nêutrons* ou um *buraco negro*. Esses objetos são o ponto final da evolução estelar e teremos muito a dizer sobre eles no próximo capítulo. Tudo o que preciso dizer nesta etapa é que, ao morrer, a estrela torna a ejetar uma fração substancial de sua massa, simultaneamente, no espaço entre as estrelas — aquilo a que chamamos *meio interestelar*. O que há de bonito nesse processo é que, ao longo da evolução estelar, o hidrogênio é convertido em elementos mais pesados, a estrela evolui para o ramo das gigantes e, depois disso, os elementos processados são devolvidos ao espaço interestelar, onde se transformam no material a partir do qual poderá formar-se a geração subseqüente de estrelas.

Demonstraremos dentro em pouco que as estrelas se formam nas regiões densas do gás interestelar. Para ilustrar esse ciclo cósmico — que chamo de *grande ciclo cósmico* —, a Figura 33 mostra a evolução completa de uma estrela, desde seu nascimento numa densa nuvem de poeira até sua morte como alguma forma de estrela morta. Essa figura, na verdade, é uma imagem temporal, semelhante às usadas para mostrar em alguns segundos o crescimento e o florescimento das plantas. Na Figura 33, o obturador da câmara é aberto uma vez a cada intervalo de aproximadamente alguns milhões de anos. Vocês podem ver o que acontece. A estrela forma-se muito depressa a partir do gás interestelar e, em seguida, estabiliza-se por um período muito longo como uma estrela da seqüência principal, como nosso Sol. Este encontra-se a aproximadamente meio caminho de sua vida como estrela da seqüência principal, tendo cerca de 4,6 bilhões de anos de idade de um total de vida de mais ou menos 10 bilhões de anos, de modo que não temos de nos preocupar com a falta de energia solar por algum tempo. Vocês também podem ver que a agonia da estrela, quando seu interior desmorona e seu envoltório externo se expande, ocorre muito depressa, comparada à duração de sua vida na seqüência principal.

Só para completar nossa história das propriedades das estrelas comuns, que é que faz com que elas pareçam existir numa faixa muito estreita de massas? Há boas razões astrofísicas para isso. As temperaturas mostradas no eixo horizontal da Figura 32 são temperaturas de superfície e, evidentemente, as temperaturas no centro das estrelas são muito mais altas do que essas, da ordem de 10 milhões de graus ou mais, para que as reações nucleares possam ser mantidas. *Grosso modo*, é correto afirmar que a temperatura superficial é

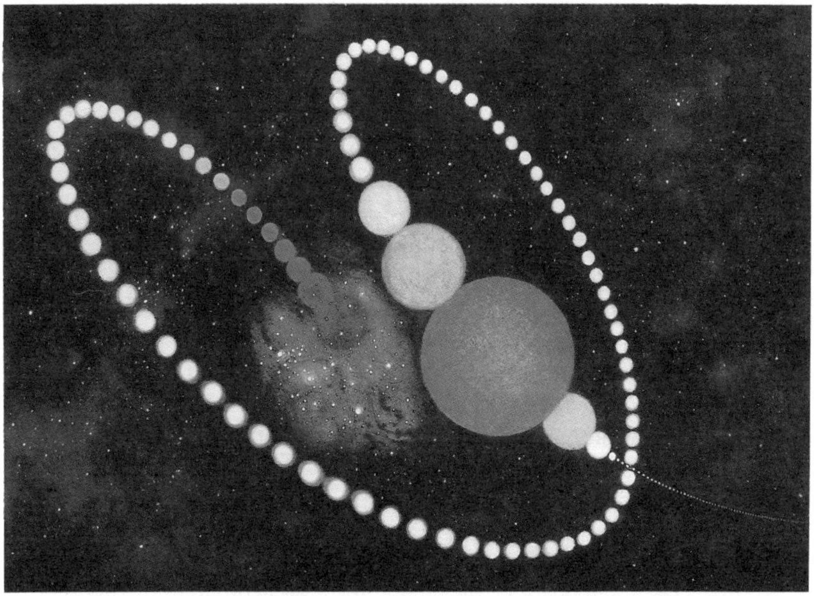

33. Imagem "temporal" da evolução de uma estrela, desde sua formação numa nuvem molecular gigantesca, passando pela maior parte de sua vida como estrela da seqüência principal, até terminar na expansão para a categoria de gigante vermelha e em seu posterior desaparecimento como algum tipo de estrela morta.

proporcional à temperatura central da estrela. Pois bem, as estrelas de menor massa, na parte inferior direita da seqüência principal, têm temperaturas de superfície muito mais baixas do que o Sol e, por conseguinte, temperaturas centrais inferiores. Portanto, quando possui muito pouca massa, a estrela não é suficientemente quente em seu centro para manter as reações nucleares que convertem o hidrogênio em hélio. Teoricamente, espera-se que as estrelas de massa inferior a cerca de 1/15 da massa solar jamais consigam transformar o hidrogênio em hélio, pois sua temperatura nunca será suficientemente alta. Espera-se que esses objetos sejam corpos bastante inertes, não muito diferentes dos grandes planetas ou de imensos pedaços de rocha. Coletivamente, essa classe de estrelas inertes com massa inferior a 0,06 vez a massa solar é conhecida como *anãs marrons*. Um dos grandes problemas não solucionados da astronomia é saber quanto da massa das galáxias e do universo em geral está preso nessas anãs marrons. Em princípio, poderia ser uma grande proporção, mas essa massa é muito difícil de detectar por ser fria e não luminosa.

No extremo oposto, as estrelas de massa elevada, cerca de 50 vezes superior à do Sol ou mais, são instáveis. Trata-se de estrelas imensamente luminosas (ver Figura 32), em que grande parte da pressão interna é fornecida pela pressão da radiação. Essas estrelas de massa muito grande são também tão luminosas que queimam muito rapidamente seu combustível nuclear. Assim, a combinação de vida curta e instabilidade estabelece um teto para a massa das estrelas. Essas razões astrofísicas explicam por que a maioria das estrelas que observamos no universo tem massas na faixa de 0,1 a 50 vezes a massa do Sol.

Ora, um dos grandes problemas da astronomia e da cosmologia é saber como se formaram galáxias inteiras de estrelas e a estrutura de larga escala do universo. Vocês hão de reconhecer que não podemos realmente compreender como se formaram e evoluíram as galáxias, a menos que entendamos como nascem, vivem e morrem as próprias estrelas. Uma vez que se comecem a produzir estrelas numa galáxia em formação, isso influencia a capacidade galáctica de produzir mais estrelas, pois a formação destas reduz a quantidade de gás disponível para que outras se produzam. Entretanto, uma vez que a primeira geração de estrelas se tenha formado e evoluído até o fim de sua vida, elas devolvem ao meio interestelar um gás processado e enriquecido por elementos pesados, o que facilita o esfriamento dele e, com isso, a criação da subseqüente geração de estrelas. Portanto, o problema de entender o que determina o ritmo da formação estelar está intimamente ligado ao de compreender a origem e a evolução das próprias galáxias.

Um dos grandes problemas da astronomia moderna é destrinchar o modo como se formam as estrelas. Aprendemos muita coisa a respeito desse problema nos últimos 10 a 15 anos, graças a nossa capacidade de estudar os estágios mais primitivos da formação estelar por métodos inteiramente novos, e dedicarei o restante deste capítulo a lhes dar uma idéia de como é possível estudarmos esses estágios primitivos da formação estelar.

Existe um problema evidente, que vocês podem avaliar pela Figura 33, e que consiste em que o processo de formação das estrelas ocorre muito depressa, comparado a sua vida, e portanto temos de captar os objetos no exato momento em que se estão formando. Uma

34. A Nebulosa de Órion é, opticamente, a parte mais visível de uma vasta região de formação de estrelas na constelação de Órion. As nuvens de gás quente observadas nesta foto são provocadas por quatro jovens estrelas azuis, conhecidas como estrelas do Trapézio, que se situam na parte mais brilhante da nebulosa.

das melhores maneiras de descobrir as estrelas mais jovens é vasculhar as regiões que sabidamente contêm estrelas muito jovens. O berçário de jovens estrelas massivas mais próximo da Terra é a Nebulosa de Órion. Órion é uma das mais famosas constelações celestes e, se vocês olharem pouco abaixo de sua espada, verão uma trilha de luz bastante difusa. Numa fotografia tirada com um grande telescópio, esse é um dos mais belos objetos da astronomia (Figura 34). Do ponto de vista astrofísico, essa região apresenta um interesse especial por ser uma daquelas em que sabemos estarem-se formando estrelas massivas neste momento. Algumas dessas jovens estrelas são fáceis de identificar, consistindo nas estrelas azuis de grande brilho situadas no centro da Nebulosa de Órion. Quatro estrelas brilhantes, conhecidas como as estrelas do Trapézio, na parte mais brilhante da nebulosa, são responsáveis pela produção de toda a linda estrutura filamentar que circunda a região. Essas estrelas do Trapézio são jovens, no sentido de não terem mais de 1 milhão de anos de idade e estarem, portanto, numa etapa relativamente inicial de sua evolução. Entretanto, já o conseguiram — sabem como se formar! O que precisamos entender são os processos pelos quais foram acionadas as reações nucleares em seu interior.

Há um problema muito óbvio em relação a essa imagem, que é o fato de, apesar de muito bonita, ela ser também muito poeirenta, como vocês podem notar. Na verdade, a poeira está presente em toda parte nas imediações da Nebulosa de Órion e isso tem como efeito impedir-nos de ver as profundezas das regiões onde se formam as estrelas. Vamos dar outra olhada no problema da poeira. Sabemos que há uma impressionante quantidade de poeira no plano de nossa galáxia e que ela nos impede de enxergar a grandes distâncias no plano da Via-Láctea (ver Figura 4). Também observamos essas grandes nuvens de poeira nas galáxias exteriores (ver Figura 6), e elas podem ser um tanto incômodas para muitos tipos de estudos astronômicos. É comum obscurecerem regiões interessantes que precisamos estudar — por exemplo, o centro de nossa própria galáxia. O que ocorre, fisicamente, é que os grãos de poeira absorvem e espalham a radiação que incide sobre eles. Com base nos estudos sobre as propriedades da poeira, sabemos que o obscurecimento na faixa de onda óptica é causado por pequenas partículas sólidas de cerca de 1 μm de diâmetro, o que é mais ou menos o tamanho das partículas da fumaça de cigarro. O carbono é um dos principais componentes dos grãos de poeira, mas há também silício em alguns deles.

Felizmente, há uma esplêndida maneira de enxergarmos através da poeira, que é observar as regiões com comprimentos de onda mais longos ($\lambda > 1$ μm) do que a faixa de onda óptica. Nesses comprimentos mais longos, o comprimento de onda da radiação torna-se superior ao tamanho dos grãos de poeira e, desse modo, a radiação praticamente não chega a ser impedida. Somente quando os grãos são maiores do que o comprimento de onda da radiação é que sua absorção é intensa. A melhor maneira de demonstrar isso é fazer observações da Nebulosa de Órion nas regiões ópticas e de infravermelho do espectro.

A astronomia pelo infravermelho era muito difícil até pouco tempo atrás, pois não dispúnhamos do equivalente a chapas fotográficas com que tirar fotografias do céu. Através de alguns esplêndidos

35. Fotografia do telescópio infravermelho do Reino Unido que se encontra no topo do vulcão Mauna Kea, no Havaí. Trata-se do maior telescópio infravermelho já inaugurado no mundo. Atrás do espelho primário, podemos ver o equipamento associado a uma câmara infravermelha conhecida como IRCAM, construída no Observatório Real de Edimburgo. Essa câmara produziu as imagens infravermelhas que aparecem na Figura 37.

avanços tecnológicos, tivemos acesso, nos últimos quatro anos, a detectores eletrônicos infravermelhos de contagem de elevadíssima sensibilidade que nos permitiram, pela primeira vez, tirar fotografias na faixa de onda infravermelha. A Figura 35 é uma fotografia do telescópio infravermelho do Reino Unido no Havaí, e vocês podem ver, atrás do espelho primário, uma câmara de infravermelho realmente magnífica, construída por meus colegas do Observatório Real de Edimburgo e projetada como uma câmara versátil para toda sorte de estudos astronômicos.

Vejamos o que acontece ao examinarmos a Nebulosa de Órion dessa maneira. A Figura 36 é uma fotografia óptica de suas regiões centrais, mostrando claramente as quatro estrelas do Trapézio. Essa é uma fotografia óptica tirada num comprimento de onda de cerca de 0,5 μm. Agora vamos olhar a imagem infravermelha, feita em

36. Imagem óptica das regiões centrais da Nebulosa de Órion, mostrando as estrelas do Trapézio e o obscurecimento desigual pela poeira.

comprimentos de onda que superam a extensão desse por um fator de 3 ou 4. A Figura 37 é uma fotocomposição de imagens feitas a 1,2, 1,65 e 2,2 μm. O efeito assemelha-se ao da remoção de um grande véu que encobrisse a região. O obscurecimento desigual causado pela poeira desaparece e agora fica claro que temos, realmente, a presença de um aglomerado de estrelas mais ou menos centralizadas em torno das brilhantes estrelas centrais. As quatro brilhantes estrelas azuis do Trapézio continuam presentes, mas, além delas, vejam os novos objetos que aparecem. Estes acham-se totalmente ausentes da imagem óptica. Fica claro que há muita atividade em andamento. As regiões realmente interessantes situam-se ao norte das estrelas do Trapézio, onde vocês estão vendo aparecerem fontes infravermelhas extremamente luminosas. Os dois objetos mais brilhantes são conhecidos como o objeto de Becklin-Neugebauer (ao norte) e a Nebulosa de Kleinmann-Low (ao sul), mas o importante é que essas são regiões realmente muito, muito poeirentas, onde há um imenso volume de radiação infravermelha escapando de fontes ali incrustadas. As áreas ao norte das estrelas do Trapézio têm lumino-

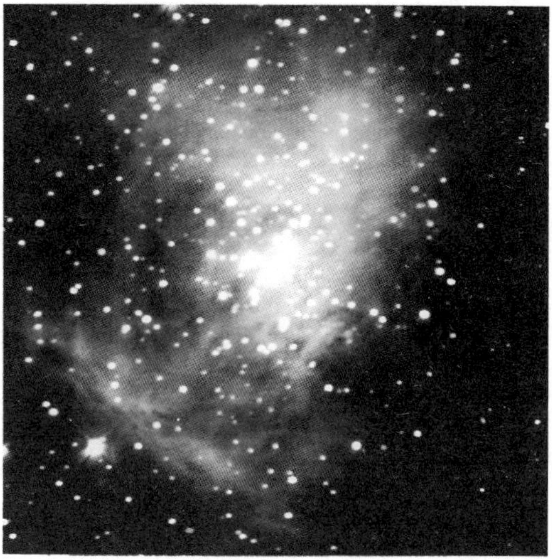

37. Imagem infravermelha composta da Nebulosa de Órion, mostrando regiões visíveis apenas no domínio infravermelho do espectro.

sidade mais de 100 vezes superior à do Sol, mas toda essa radiação é emitida como radiação infravermelha.

Ora, por que a radiação é tão intensa na faixa de onda infravermelha? A resposta é muito simples: a poeira funciona agora como nossa amiga, e não como nossa inimiga. Há, de fato, estrelas sumamente jovens, possivelmente até em processo de formação, conhecidas como *proto-estrelas*, imersas lá no fundo das densas nuvens de poeira da Nebulosa de Órion. Uma intensa radiação óptica e ultravioleta tenta escapar desses objetos luminosos, mas é fortemente absorvida pelas nuvens de poeira em que eles estão imersos. No processo de absorver a radiação, a poeira se aquece e esse calor é então re-irradiado à temperatura em que ela é aquecida. Assim, é importante calcular a que temperatura os grãos de poeira são aquecidos perto das estrelas jovens. Verifica-se que essas temperaturas, tipicamente, situam-se em cerca de 100-1.000 K; por conseguinte, podemos usar nossa relação entre a temperatura e o comprimento de onda (Figura 16) para calcular em que comprimento de onda será emitida a maior parte da radiação. Vocês já devem ter adivinhado a resposta certa: a radiação é emitida em comprimentos de onda que

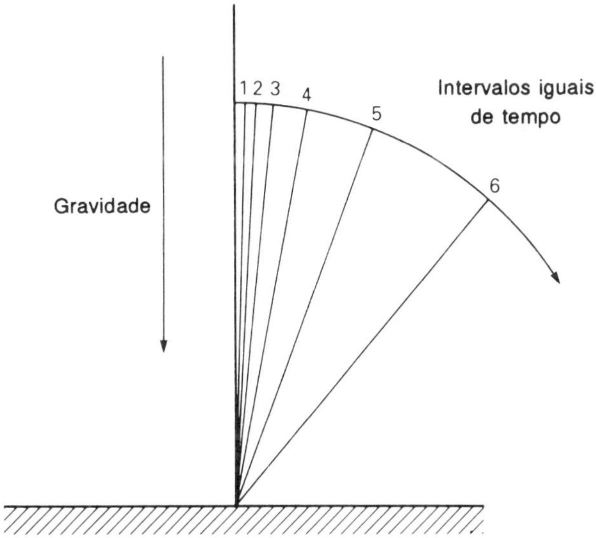

38. Ilustração do processo de crescimento exponencial da queda de um ponteiro sob o efeito da gravidade. O ângulo que parte da vertical é aumentado pela mesma fração a intervalos iguais de tempo.

vão de aproximadamente 3 a 30 μm, correspondendo a faixas de onda infravermelhas e infravermelhas distantes, nas quais a própria poeira é transparente à radiação. O que acontece, em suma, é que a poeira atua como um transformador que permite que as jovens estrelas se livrem de sua radiação na faixa de onda infravermelha, que consegue escapar prontamente de seu poeirento lugar de origem.

Esse processo coloca uma configuração inteiramente nova no belo mapa infravermelho distante da galáxia (Figura 23), que discutimos no primeiro capítulo. Vocês devem estar lembrados de que, quando examinamos o mapa infravermelho da galáxia, afirmei que ele era a radiação da poeira aquecida por fontes internas de energia nas nuvens de poeira. As regiões de formação das estrelas acham-se entre as que contribuem para essa imagem de nossa galáxia obtida pelo infravermelho distante.

Isso é muito interessante, mas que é que nos diz sobre a maneira como se formam as estrelas? O problema é saber como podemos partir de um gás extremamente difuso, tal como o encontrado no espaço interestelar, e convertê-lo em estrelas com densidades cerca de 10^{24} vezes maiores do que a do gás interestelar. Felizmente, sabemos que o gás interestelar é muito instável. Ele não fica simplesmente parado, sem fazer nada, pois há toda sorte de influências atuando sobre ele e não lhe permitindo permanecer em estado de repouso. Isso nos leva ao estudo do comportamento das nuvens de gás sob o efeito da gravidade.

Se tomarmos uma nuvem isolada, poderemos demonstrar que, caso tenha massa suficiente, ela desabará sob sua própria gravidade. O que isso significa é que, desde que não haja demasiada turbulência ou pressão no interior da nuvem, ela desmoronará, e o que há de especialmente agradável nisso é que o colapso se dá de modo exponencial. Em outras palavras, ela diminui pela metade o seu raio a intervalos de tempo iguais, de modo que constatamos uma situação de fuga em que a densidade é capaz de se elevar com muita rapidez a valores extremamente altos. Essa é a famosa instabilidade descoberta por *Sir* James Jeans, em 1902, e apropriadamente conhecida como *instabilidade de Jeans.*

Há uma maneira muito simples de demonstrar essa forma de colapso sob o efeito da gravidade. Suponhamos que eu pegue um ponteiro e o coloque de pé sobre sua ponta. Se o soltar, vocês todos sabem que ele cairá, mesmo que eu não o empurre. Vamos supor que meçamos o ângulo que parte da direção vertical a intervalos de tempo iguais. Vocês constatarão que esse ângulo aumenta numa mesma proporção a intervalos iguais de tempo, como ilustrado na Figura 38. É isso que chamamos de *crescimento exponencial*, e ele tem a excelente propriedade de podermos partir de perturbações infinitesimalmente pequenas, pois, mesmo assim, o ponteiro (ou a estrela) desabará sob o efeito da gravidade.

Ora, quando as nuvens de gás da galáxia são suficientemente grandes, elas desmoronam da mesma forma, de modo que temos boas razões para acreditar que sabemos, pelo menos, como pode ocorrer o colapso das nuvens. Há outras maneiras pelas quais esse desmoronamento pode ser iniciado, e não se sabe ao certo qual delas é mais importante. Por exemplo, sabemos que há braços em espiral nas galáxias espirais que contêm grandes quantidades de poeira e gás, e que eles podem perturbar intensamente a distribuição do gás. Os braços em espiral podem ajudar o gás a se juntar em feixes de densidades muito altas, sobrevindo, então, a instabilidade de Jeans. Também é possível criar-se um gás muito denso quando uma nuvem de gás difuso é atingida pela crosta em expansão de uma estrela que esteja explodindo. O resultado é que acreditamos haver diversas maneiras pelas quais podemos elevar a densidade média do gás interestelar a densidades significativamente mais altas.

Podemos ver essas nuvens? A resposta é: "Sim, podemos!" À medida que sua densidade aumenta, as nuvens são esfriadas pela radiação. Numa nuvem grande típica, esperamos haver a presença de poeira, e a combinação da poeira com o gás é muito eficaz para mantê-lo realmente muito frio, exatamente pelo mesmo mecanismo através do qual as proto-estrelas perdem energia — ou seja, pela radiação da poeira aquecida. A rigor, essas grandes nuvens resfriam-se a temperaturas tão baixas — cerca de 10-30 K — que é de se esperar que o gás no interior das nuvens de poeira exista em forma molecular, e não atômica, e podemos procurar as linhas de radiação linear molecular dessas moléculas nas faixas de ondas milimétricas e submilimétricas (ver novamente a Figura 16). Uma das grandes realizações da astronomia moderna foi reconhecer que o plano de nossa galáxia está repleto dessas *nuvens moleculares gigantescas*. Na verdade, as nuvens moleculares gigantescas da constelação de Órion são tão grandes quanto a própria constelação. Se nossos olhos fossem sensíveis às ondas milimétricas, em vez da radiação óptica, as nuvens moleculares gigantescas que observamos através das linhas de emissão rotacional de moléculas como o monóxido de carbono seriam, de longe, os objetos mais impressionantes do céu. Sabemos agora que há tanto gás no disco da galáxia na forma de moléculas quanto na de hidrogênio neutro, e que as moléculas estão, em sua maioria, confinadas em nuvens moleculares gigantescas como a que existe na constelação de Órion.

Podemos agora delimitar bem melhor os problemas a serem solucionados. Como é que, uma vez aglomerado o gás interestelar nessas gélidas nuvens moleculares gigantescas, podem as estrelas se formar? Esse não é, de maneira alguma, um problema resolvido, mas temos várias pistas importantes sobre o que deve acontecer. Há, na verdade, três grandes problemas a superar. O primeiro é o fato de que, para formar qualquer estrela, a nuvem de gás tem de perder a energia que ela adquire quando entra em colapso. Se simplesmente tomarmos uma nuvem e a deixarmos desabar, a energia cinética da queda aquecerá seu interior até que a pressão do gás aquecido interrompa o colapso. Portanto, temos de descobrir mecanismos efetivos pelos quais, ao desmoronar, a estrela possa irradiar para longe, eficientemente, toda a energia gerada pelo calor do colapso. É aí, mais uma vez, que a poeira desempenha um papel vital, pois, embora nos impeça de enxergar o interior dessas áreas escuras, ela é extraordinariamente eficaz em se livrar do calor. Tão logo o calor é gerado dentro da nuvem pelo desabamento, sua radiação é absorvida por pequenos grãos de poeira que o transformam em comprimentos de onda muito mais longos, nos quais a radiação pode escapar das nuvens. Assim, devemos ficar tremendamente felizes por haver tanta poeira por aí. Ela pode impedir-nos de enxergar o interior dessas regiões densas, mas, sem ela, as estrelas teriam muito mais dificuldade para se condensarem em densidades elevadíssimas a partir da matéria interestelar difusa. É quase certo que essa seja a solução do problema da energia, e isso explica por que as regiões de formação de estrelas são fontes tão poderosas de radiação infravermelha.

Embora seja possível livrar-nos da energia, temos de pensar também na dinâmica das nuvens em colapso. Um dos grandes problemas é que há um bocado de turbulência nas áreas onde se formam as estrelas e, assim, é muito provável que qualquer pedacinho de nuvem que selecionemos tenha uma certa quantidade de rotação associada a ele. Isso gera um grande problema. Quando a nuvem gira e começa a entrar em colapso, verificamos que a rotação aumenta. Trata-se exatamente do mesmo processo pelo qual os patinadores no gelo conseguem girar tão depressa. O patinador gira lentamente, com os braços abertos e estendidos, e, então, ao encolhê-los, aumenta enormemente sua velocidade. De maneira ainda mais espetacular, vocês podem segurar um peso em cada mão e sentar-se num banco giratório, com os braços esticados para fora. Depois que algum amigo fizer o banco girar e vocês encolherem os braços, sua velocidade será acelerada por um grande fator. Se tentarem fazer essa experiência, por favor, usem um cinto de segurança! As leis do movimento de Newton não os impedirão de cair se estiverem mal equilibrados!

Pois bem, exatamente o mesmo processo pode ocorrer se vocês tentarem fazer as estrelas colapsarem. Qualquer rotação passa a ser extremamente exagerada em função do que chamamos de *lei da conservação do momento angular*. Temos de descobrir um modo eficiente de nos certificarmos de que um objeto em colapso possa livrar-se de sua rotação, que poderá interromper o processo de colapso. Se vocês tentarem manter-se de pé numa plataforma giratória, sentirão uma força que os empurra para fora — a chamada *força*

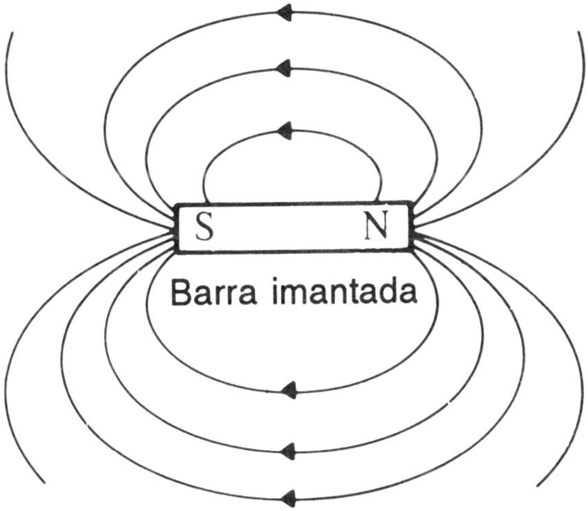

39. Ilustração do conceito de Faraday de linhas do campo magnético em torno de um dipolo magnético. A força do campo é proporcional ao número de linhas de campo por área unitária perpendicular às linhas de força.

centrífuga. A rotação pode tornar-se tão grande que a força centrífuga interrompa o colapso e impeça a estrela de se formar.

Há outro problema muito parecido, que consiste na alta probabilidade de haver um campo magnético fraco na nuvem em colapso. Mesmo que haja um número pequeníssimo de elétrons livres na nuvem, isso é perfeitamente suficiente para ligar o campo magnético ao gás nela existente. Ora, sabemos que esses elétrons livres estão presentes nas nuvens, provavelmente produzidos por colisões entre partículas de altíssima energia e átomos e moléculas das nuvens. Há um teorema muito conciso que nos diz que poderemos compreender como se portam os campos magnéticos se pensarmos em suas linhas como cristalizadas no gás. Foi o grande Michael Faraday que demonstrou, aqui na Royal Institution, que é sempre possível entender o comportamento dos campos magnéticos em termos das propriedades das linhas de força magnéticas. A Figura 39 mostra as linhas de força magnéticas em torno de um dipolo magnético, semelhante ao campo magnético dipolar da Terra. Segundo Faraday, a intensidade do campo magnético é simplesmente proporcional ao número de

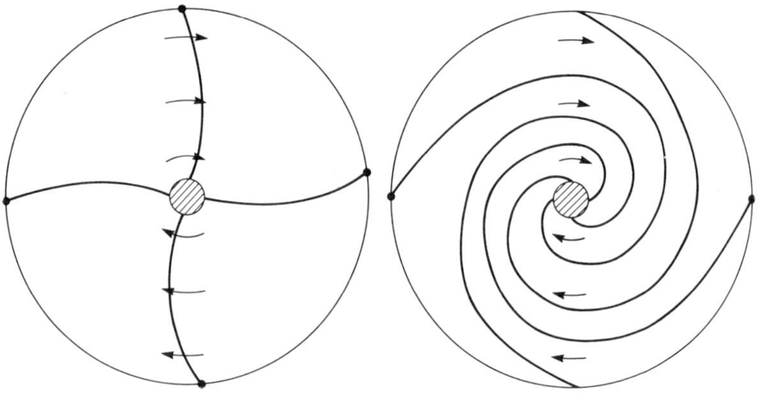

40. Ilustração da ampliação dos campos magnéticos no congelamento do fluxo magnético.

linhas do campo que atravessam um elemento de área unitário, e, portanto, o campo é mais forte nos pólos e mais fraco no equador.

Pois bem, há um grande problema associado a esses campos magnéticos, ilustrado pelos diagramas que aparecem na Figura 40. Vamos supor que as linhas do campo magnético fiquem congeladas num disco giratório de gás e que o disco não gire como um corpo sólido, mas que a velocidade de rotação de cada um de seus anéis seja a mesma. Assim, à medida que o disco gira, as linhas do campo estendem-se na direção da rotação. Vocês estão vendo o que acontece: Faraday nos disse que a intensidade do campo magnético é simplesmente proporcional ao número de linhas de campo por área unitária. À medida que vocês começam a enrolar o campo magnético, aumenta o número de linhas de campo por área e, por conseguinte, se o campo magnético for congelado no gás, ele aumentará inexoravelmente sua intensidade sob o efeito da rotação da nuvem de gás. Essa é também uma notícia bastante ruim, pois significa que poderá haver tal acumulação de energia magnética que o colapso acabe sendo interrompido.

Não existe uma solução unânime para os dois últimos problemas, mas há uma idéia bastante boa que, a meu ver, talvez esteja no caminho certo. Uma das coisas notáveis que observamos entre essas estrelas muito jovens são jatos de material molecular que parecem ser ejetados dos pólos dos objetos originários. A Figura 41 mostra

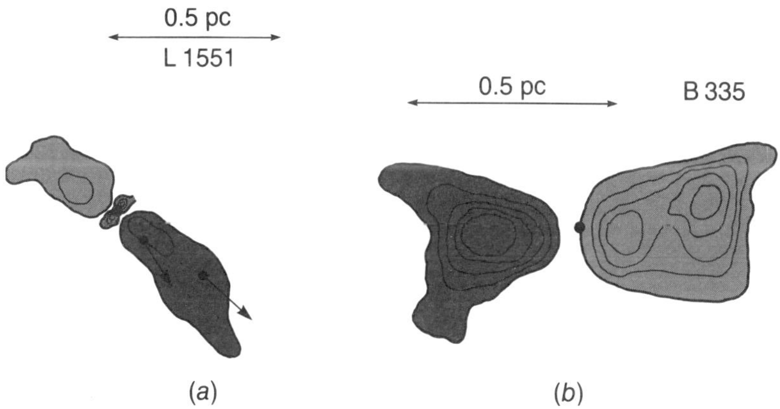

41. Dois exemplos de jatos bipolares de alta velocidade associados a estrelas muito jovens. Estas últimas são indicadas por pontos pretos. O lobo mais escuro afasta-se do observador, enquanto o mais claro aproxima-se dele. (a) O jato bipolar da fonte L1551. Nesse caso, há também evidências de um disco molecular de gás mais denso, perpendicular à direção do jorro emitido. (b) A fonte B335.

imagens obtidas no comprimento de onda milimétrica de dois desses tipos de fontes, chamados *objetos de ejeção bipolar*. Para nossa grande surpresa, constatamos que o material não colapsa em direção ao centro da estrela, mas é, na verdade, ejetado em jatos de uma região compacta em que a estrela se forma. Um dos lados do jato parece vir em nossa direção e o outro afastar-se de nós. Um quadro esquemático do que se verifica nessas fontes aparece na Figura 42. Uma imagem do que acontece é que a rotação enrola de tal maneira as linhas do campo magnético que ele se torna muito intenso nessas regiões densas, a ponto de suas linhas simplesmente se religarem e toda a tensão do campo dirigir-se para a ejeção de nuvens de matéria ao longo do eixo de rotação (Figura 43). Essa seria uma esplêndida maneira de solucionar dois dos problemas de uma vez só. Conseguimos livrar-nos do campo magnético ele é despachado quando as linhas de força voltam a se ligar — e também nos livramos da rotação, expelindo-a junto com o material ejetado.

Vocês hão de notar não apenas que estamos criando um eixo preferencial ao longo do qual o material é ejetado, mas também que

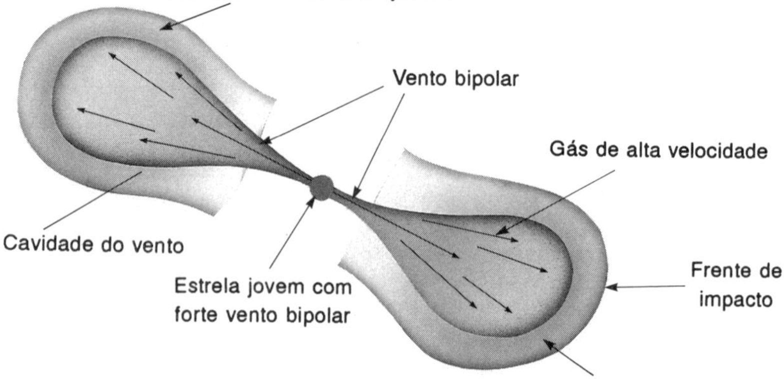

42. Modelo da ejeção bipolar de matéria de uma estrela de formação recente. O fluxo ejetado é supersônico e comprime o gás molecular circundante. O aquecimento do gás molecular pelo jorro e o resfriamento pela emissão linear molecular resultam numa temperatura de aproximadamente 2.000 K, na qual o gás pode ser observado através de sua emissão linear molecular infravermelha.

há um plano natural, perpendicular ao eixo de rotação, em que pode ser formado um disco giratório de poeira e gás. É possível ver provas desses densos discos de material em torno do eixo de ejeção no caso da fonte L1551 (Figura 41*a*). Recentemente, esses discos moleculares poeirentos foram observados pela radiação térmica de sua poeira. Essas observações foram feitas no Havaí, com o telescópio James Clerk Maxwell, e vocês podem ver na Figura 44 indícios de um disco de poeira em torno de um objeto jovem do sistema LkHα 234. Ainda não se sabe exatamente qual a importância astrofísica desses discos, mas sabemos que deve haver poeira e moléculas presentes nessas regiões. Fenômenos semelhantes foram vistos pelo satélite IRAS, e parece que esses discos frios e altamente achatados de material são traços comuns a muitas estrelas brilhantes. Uma das grandes questões está em saber se esses discos de poeira são ou não, na verdade, os estágios mais primitivos da formação de sistemas planetários em torno de estrelas jovens. O que muitos de nós esperamos é vir a poder compreender o processo de formação dos planetas pela observação direta desses discos muito jovens e achatados em torno das estrelas jovens.

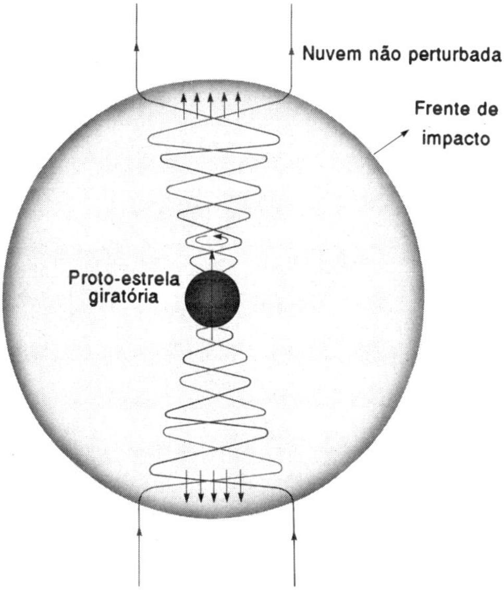

43. Esquema de um possível mecanismo de formação dos jatos bipolares em objetos proto-estelares. À medida que o material cai no objeto proto-estelar, o campo magnético se enrosca e há um aumento da densidade da energia presente nele. Acredita-se que a grande pressão magnética faz com que uma onda de choque se desloque para fora através do plasma cadente. A pressão magnética aumenta, o enovelamento continua e, em dado momento, a pressão é liberada pelo campo magnético, sendo o plasma ligado a ele ejetado pelos pólos do objeto giratório.

Há outra coisa muito intrigante acerca desses discos em torno das estrelas jovens, que é a presença de moléculas; naturalmente, as moléculas são necessárias para iniciar o processo de formação dos sistemas bióticos. Sistema biótico é apenas uma designação sofisticada para uma sopa molecular em que podem ser sintetizadas as moléculas bioquímicas necessárias à criação de formas primitivas de vida. Uma das grandes descobertas da astronomia na faixa milimétrica foi que a galáxia está abarrotada de moléculas. Mais de 60 espécies moleculares diferentes já foram identificadas no gás interestelar, indo desde moléculas simples, como o hidrogênio molecular, o monóxido de carbono e o radical hidroxila, até moléculas complexas, como o etanol, as cadeias acetilênicas longas, molécu-

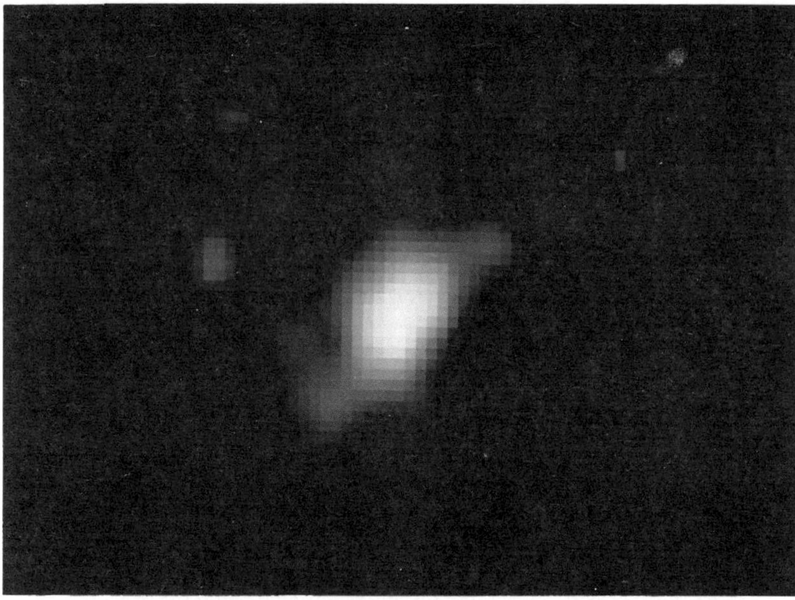

44. Observações submilimétricas de um disco de poeira em torno de um jovem objeto estelar do sistema LkH∝ 234, com base em observações feitas com o telescópio James Clerk Maxwell.

las anelares como o H_3^+, o SiC_2 e o C_3H_2, e assim por diante. Foram encontradas no espaço interestelar algumas espécies moleculares difíceis de observar em laboratório, por serem muito reativas e, portanto, terem vida muito curta nas condições laboratoriais. No entanto, elas conseguem sobreviver nas condições de baixíssima densidade do espaço interestelar. A lista completa de moléculas conhecidas inclui tudo o que se acredita ser essencial para dar início ao processo da síntese biológica. Curiosamente, ainda não se encontrou nenhum aminoácido, apesar de algumas buscas específicas desses elementos.

Ninguém sabe ainda se toda essa história é ou não importante para a história da origem da vida biológica em nosso planeta, mas pelo menos os astrônomos podem dizer aos biólogos que trabalham com esses problemas: "Podemos fornecer-lhes uma fonte das moléculas de que vocês precisam; se elas lhes forem úteis, queiram servir-se, com nossos cumprimentos!"

3

A ORIGEM DOS QUASARES

Neste capítulo, vamos estudar as mais poderosas fontes de energia de que temos conhecimento no universo. Elas se localizam no centro de algumas categorias de galáxias e vamos referir-nos coletivamente a essas fontes como *núcleos galácticos ativos*. Antes de lidarmos com as galáxias ativas, convém recordarmos as propriedades das galáxias em geral. As galáxias normais compõem-se de estrelas e gás. As formas predominantes de matéria visível que discernimos na maioria delas são as estrelas, que determinam a aparência geral das galáxias. No caso das galáxias elípticas, vemos uma distribuição esferoidal das estrelas, e a galáxia se mantém unida pela atração gravitacional recíproca entre as estrelas. No caso das galáxias espirais, há um núcleo central, que não difere do das galáxias elípticas, e um disco em estado de rotação. As forças centrífugas que atuam sobre as estrelas e o gás, em virtude da rotação do disco, são compensadas pela atração gravitacional de todas as estrelas da galáxia. Há uma grande quantidade de gás nos discos das galáxias espirais, mas, nas elípticas, é comum haver pouquíssimo.

Antes do desenvolvimento da radioastronomia e da astronomia por raios X, a maioria das pessoas julgava que a história acabava aí: as galáxias eram, simplesmente, sistemas compostos de um grande número de estrelas e nuvens de gás. Logo depois da II Guerra Mundial, contudo, a radioastronomia proporcionou um modo inteiramente novo de examinar o universo. Entre as descobertas mais espetaculares dessa nova astronomia, figurou a constatação de que várias das galáxias mais massivas são fontes extremamente poderosas de ondas de rádio. Ora, nossa própria galáxia emite ondas de rádio (Figura 26), e o processo pelo qual essa radiação é emitida foi solidamente estabelecido no início dos anos 50. O processo de emissão é conhecido como *radiação síncrotron* e é causado por elétrons de alta energia girando no campo magnético galáctico. Uma propriedade geral das partículas carregadas é que, ao serem aceleradas, elas emitem radiação eletromagnética. Num campo magnético, os elétrons se movem em trajetórias espirais e, portanto, são continuamente acelerados em direção ao centro de suas órbitas helicoidais. No processo de aceleração, eles emitem essa forma de radiação em comprimentos de ondas rádio. Uma vez que os elétrons são de altíssima energia — a rigor, de energia ultra-relativística —, a radiação é intensamente emitida na direção do movimento dos elétrons, o que resulta nas propriedades características da radiação síncrotron. Um dos mais importantes processos de radiação da astrofísica de alta energia, a radiação síncroton é genericamente encontrada em todos os aspectos dessa disciplina.

Na Figura 26, mostramos o belo mapa celeste radioastronômico elaborado pelos astrônomos do Instituto Max Planck de Radioastronomia, em Bonn. Essa radiação consiste inteiramente da radiação síncrotron de elétrons de energia ultra-elevada, girando no campo magnético galáctico. É possível defender essa afirmação de maneira muito convincente, pois podemos medir a força do campo magnético do espaço interestelar por diversas técnicas astronômicas e também podemos medir diretamente, através de experiências espaciais, os fluxos de elétrons de alta energia que chegam à Terra, vindos do espaço interestelar mais próximo. Quando juntamos essas duas coisas, verifica-se que podemos explicar satisfatoriamente a intensidade observável da radioemissão galáctica e muitas de suas outras propriedades, tais como sua polarização. O que isso significa é que, pela observação radioastronômica das galáxias, podemos determinar onde se localizam os elétrons de alta energia e os campos magnéticos. Essas observações mostram que as galáxias contêm dois outros componentes importantes, além das estrelas e do gás: *partículas de altíssima energia* e *campos magnéticos*. É evidente, pela Figura 26, que deve haver partículas de alta energia e campos magnéticos em toda a nossa galáxia.

A grande surpresa ocorreu ao se reconhecer que algumas das galáxias que são fortes emissoras de ondas de rádio têm imensas radioluminosidades. Verificou-se que galáxias como a massiva galáxia conhecida como Cygnus A são mais ou menos 100 milhões de vezes mais luminosas, como radioemissoras, do que nossa própria galáxia. Isso significou, de imediato, que tinha de haver ali enormes

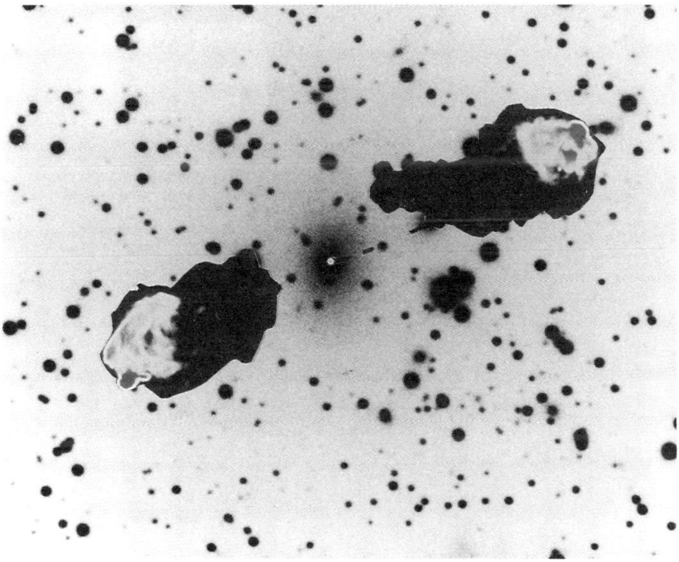

45. Estrutura de rádio da brilhante radiofonte conhecida como Cygnus A, superposta a uma imagem óptica da mesma área celeste. Uma galáxia massiva no centro de um rico aglomerado de galáxias situa-se entre os imensos lobos de rádio e seu núcleo é a fonte energética da estrutura extensa de rádio.

fluxos de partículas de alta energia e, possivelmente, campos magnéticos mais fortes, comparados aos de nossa Galáxia. Isso já era suficientemente extraordinário, mas o que complicou ainda mais a história foi o fato de a emissão no domínio do rádio não provir da galáxia em si, mas de dois imensos lobos de radiação situados dos dois lados da galáxia massiva (Figura 45).

É como se a galáxia houvesse ejetado de seu núcleo duas enormes bolhas de material radioemissor. Fizeram-se muitos estudos esplêndidos desses objetos, usando radiotelescópios avançados, e agora sabemos que a razão desses imensos lobos de emissão de rádio é haver, no núcleo da galáxia, jatos que bombeiam para os lobos partículas de alta energia e, provavelmente, também campos magnéticos. A excelente radiofoto da Cygnus A (Figura 46) feita pelo radiotelescópio Large Array (VLA), nos Estados Unidos, demonstra lindamente esse processo. Isso significa que deve haver algo de

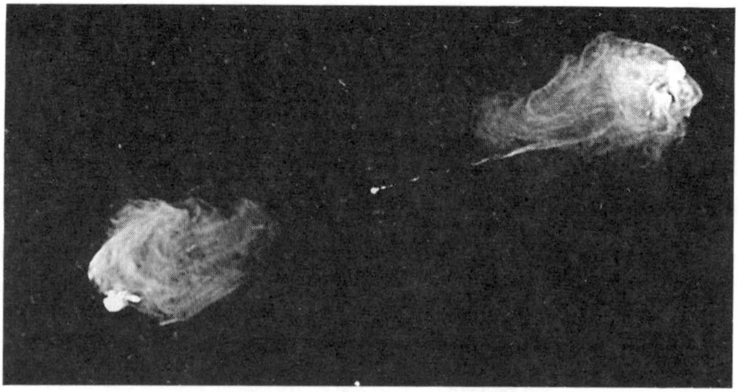

46. Estrutura de rádio detalhada da radiofonte Cygnus A, tal como observada pelo VLA nos Estados Unidos. Além dos lobos de rádio, com sua notável estrutura fina, há intensos "pontos quentes" nas extremidades principais dos lobos, onde a densidade energética da radiação é muito alta. Além disso, há uma radiofonte compacta no núcleo da radiogaláxia e também jatos que canalizam partículas de alta energia do núcleo da galáxia para os pontos quentes.

extraordinário acontecendo nos núcleos dessas radiogaláxias — eles devem ser capazes de gerar enormes quantidades de energia, que é então expelida sob a forma de jatos de partículas de altíssima energia. Naquela época, nada que se assemelhasse a isso era teoricamente esperado nem fora observado em nenhuma outra parte da astronomia.

Essa história vinha aos poucos começando a se desdobrar, na década de 1960, quando se fez uma descoberta ainda mais notável. Uma das atividades mais instigantes da época, na qual eu mesmo estava empenhado no início de meu projeto de pesquisa de doutoramento, consistia em descobrir as galáxias distantes associadas a radiofontes, examinando as posições destas últimas em fotografias ópticas de alta qualidade. Esse processo de descobrir radiogaláxias distantes ainda é um dos instrumentos mais importantes da cosmologia e, na verdade, as galáxias mais distantes hoje conhecidas foram descobertas exatamente por essa técnica.

Em 1960, descobriram-se por esse meio algumas radiofontes que pareciam estar associadas a estrelas. Seus espectros ópticos eram ininteligíveis. Só em 1962 é que Maarten Schmidt, do Instituto de Tecnologia da Califórnia, apercebeu-se repentinamente de que a razão por que os espectros eram ininteligíveis estava em que todo o espectro fora significativamente desviado para a extremidade vermelha do espectro óptico. Discutiremos mais detidamente o que isso significa no próximo capítulo; para nosso propósito atual, assinalamos simplesmente que o desvio do espectro para comprimentos de onda mais longos é uma medida da velocidade com que o objeto se afasta de nós e que, no universo em expansão, essa velocidade nos diz a que distância se situa a galáxia. O surpreendente nessa descoberta foi o fato de esses objetos semelhantes a estrelas serem quase tão distantes quanto as mais distantes galáxias conhecidas na época. Não podia tratar-se de nenhum tipo de estrela normal.

O notável objeto 3C 273 foi o primeiro dos *objetos quase-estelares*, ou *quasares*, a ser descoberto (Figura 11). A luz proveniente do núcleo supera a luz da galáxia por um fator de aproximadamente 1000. Na Figura 11, as galáxias situadas à mesma distância do quasar são as manchas muito tênues perto da parte inferior da imagem, e vocês podem ver que uma destas seria totalmente impossível de detectar em comparação com a luz proveniente do quasar. Vocês também podem ver que há um jato apontando para longe do quasar, semelhante aos que são vistos energizando radiofontes como a Cygnus A em comprimentos de onda de rádio. O que tornou a situação realmente excitante foi o fato de a luz óptica dos quasares variar de intensidade. Na Figura 47, mostra-se a variabilidade da radiação oriunda de dois núcleos galácticos ativos — num dos casos, a variabilidade do quasar 3C 345 na faixa de onda óptica e, no outro, a variabilidade nos raios X da galáxia de Seyfert conhecida como MCG-6-30-15. Vocês estão vendo que, em alguns casos, a variabilidade pode ocorrer em escalas de tempo de apenas um dia, ou até menos.

Por que essas observações são intrigantes? A razão está no que se conhece, tecnicamente, como *causalidade*. Vamos supor que tenhamos uma fonte de tamanho físico R e que ela se ilumine num prazo realmente muito curto. Que observaremos a certa distância da fonte? É evidente que a luz proveniente de um ponto na frente da fonte chegará primeiro ao observador e que a radiação vinda do fundo da fonte chegará depois, num tempo que é apenas o de propagação da luz através da fonte, $t = R/c$, onde c é a velocidade da luz. Observem que a emissão de radiação poderá durar uma fração desprezível de tempo, mas as dimensões finitas da fonte significam que ela será observada como um pulso de duração de aproximadamente R/c, pois a luz se propaga a uma velocidade finita. Assim, quando observamos

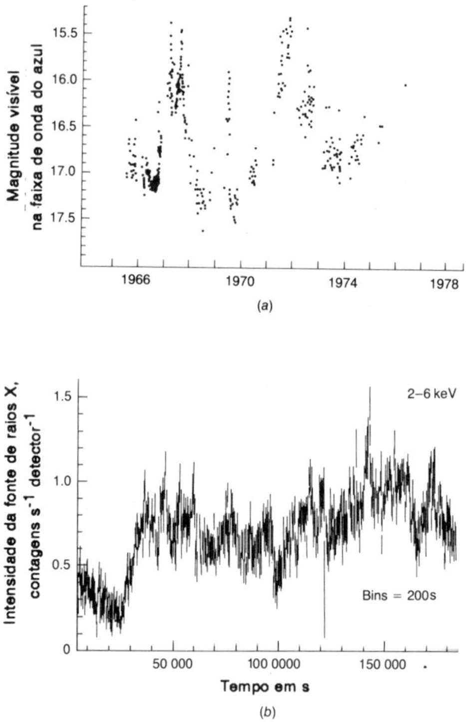

47. Exemplos da variabilidade da emissão dos núcleos galácticos ativos. (a) Variabilidade óptica do radioquasar 3C 345 na faixa de ondas do Azul. (b) Variabilidade de raios X da galáxia de Seyfert MCG-6-30-15 na faixa de onda de 2 a 6 keV.

que uma fonte varia significativamente no tempo t, sabemos que a emissão deve ter-se originado numa região de tamanho físico inferior a $R = ct$, ou que as variações se distribuiriam por uma escala de tempo muito mais longa simplesmente devido ao tempo de propagação da luz através da fonte.

Esse é um exemplo do que se conhece como *causalidade*. Ao observarmos uma fonte que varia significativamente de intensidade, digamos, em um dia, sabemos que o tamanho do objeto não pode ser superior a um dia-luz, caso contrário a luz de fundo chegaria muito depois da luz da região frontal. Isso quer dizer que podemos obter bons limites dos tamanhos das regiões de onde provém a emissão intensa. Essas regiões, por conseguinte, são realmente minúsculas, comparadas ao tamanho das galáxias. Na verdade, a imensa luminosidade dos quasares deve originar-se nas próprias regiões centrais da galáxia — no que chamamos núcleo galáctico. Os quasares, portanto, devem conter um tipo completamente novo de fonte de energia em que os enormes fluxos de emissão óptica, de rádio e de raios X se originam em regiões muito compactas. Vocês têm de imaginar uma luminosidade correspondente a umas 1.000 vezes a luminosidade de nossa galáxia, vinda de uma região menor do que a distância típica entre as estrelas dela — freqüentemente, muito menor. Nada há que se assemelhe propriamente a isso nas imediações da Terra, e é relativamente tranqüilizador saber que apenas em raríssimas categorias de galáxias ocorrem os exemplos mais extremados desse fenômeno. Referimo-nos a toda essa classe de objetos como *galáxias com núcleos galácticos ativos.*

Façamos agora uma digressão para discutir alguns outros objetos que nos fornecem pistas importantes sobre como é possível aos quasares gerar esses imensos fluxos de energia. A história remonta a 1967, quando Antony Hewish e Jocelyn Bell estavam fazendo suas primeiras observações com um grande radiotelescópio de baixa freqüência, em Cambridge, para estudar o piscar (ou a cintilação, como é propriamente chamada) das radiofontes em comprimentos de ondas de rádio longas. Enquanto o telescópio era ajustado para essa tarefa, observou-se que um surto de "interferência" parecia ocorrer todos os dias, aproximadamente no mesmo horário. Passado mais ou menos um mês, verificou-se que a interferência ocorria diariamente no mesmo horário sideral, e não solar, o que sugeria ser originária de um ponto fixo no céu.

A interferência foi observada muito mais detalhadamente, fazendo-se então a espantosa descoberta de que ela consistia inteiramente de pulsos espaçados com grande regularidade, com períodos de aproximadamente um segundo. Foi a descoberta dos *pulsares*, e a Figura 48 mostra-nos alguns dos primeiros registros de duas dessas fontes. Naqueles tempos inaugurais, as fontes foram chamadas de LGM1 e LGM3, onde LGM significava *Little Green Man* [Homenzinho Verde], pois a descoberta do que parecia ser uma espécie de código Morse celestial fora totalmente inesperada, e era concebível que se tratasse de mensagens de Homenzinhos Verdes.

Logo se determinou que os únicos tipos de estrelas que poderiam produzir esses pulsos tão nítidos com tamanha regularidade, com

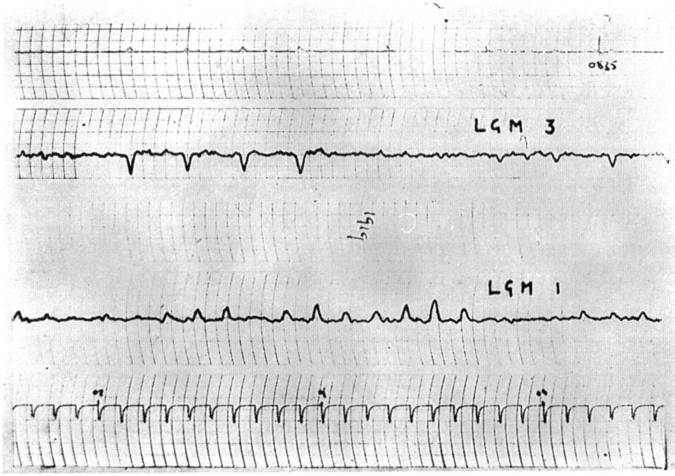

48. Registros primitivos de dois dos primeiros pulsares a serem descobertos. Esses registros mostram a intensidade da radiação das fontes em função do tempo. As marcas temporais na parte inferior do diagrama estão indicadas a intervalos de um segundo. Por esses registros, podemos ver que o período do LGM1 é de cerca de um segundo e o do LGM3, de aproximadamente três segundos.

períodos de menos de um segundo, eram as *estrelas de nêutrons*. A Figura 49 mostra o esboço de como uma estrela de nêutrons giratória e magnetizada pode produzir o que se observa como uma radioemissão em pulsos. Trata-se de estrelas realmente muito, muito compactas, dotadas de campos magnéticos fortíssimos. Para formar um pulsar, o eixo do campo magnético não pode estar alinhado com o eixo de rotação da estrela de nêutrons. Assim, os pólos do ímã são girados no período de rotação da estrela giratória. Isso quer dizer que a estrela de nêutrons deve girar a uma freqüência de aproximadamente uma vez por segundo ou mais — uma velocidade de rotação realmente extraordinária para qualquer estrela. Essa velocidade de rotação só tem ocorrência concebível em estrelas extremamente compactas, como as estrelas de nêutrons.

Que são estrelas de nêutrons? Podemos imaginar os possíveis estados finais das estrelas ao morrerem e o que se revela é que são pouquíssimas as possibilidades. Depois de queimar todo o seu combustível nuclear, a estrela já não dispõe de uma fonte de pressão

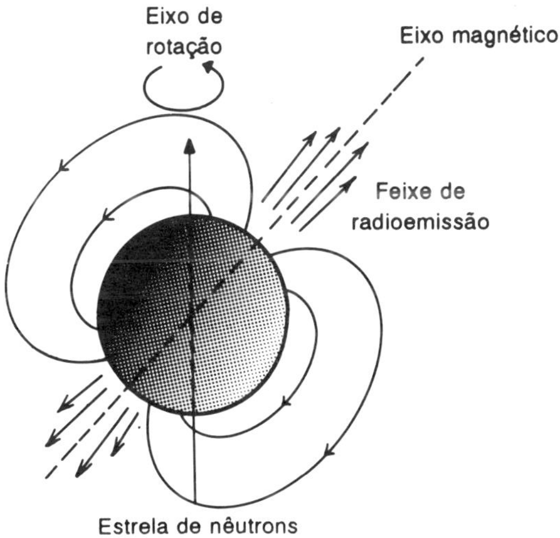

49. Diagrama esquemático mostrando como uma estrela de nêutrons magnetizada e giratória pode produzir radioemissões em pulsos. O eixo magnético do dipolo não é paralelo ao eixo de rotação, de modo que os pólos do ímã giram na freqüência de rotação da estrela de nêutrons. O feixe de radioemissão parte dos pólos magnéticos da estrela de nêutrons e, por conseguinte, o observador distante observa uma pulsação brilhante de rádio uma vez por órbita, quando o feixe intersecta sua linha de visão.

térmica para se manter. Tudo o que resta é a pressão mecânica quântica, devida ao fato de ser impossível que partículas do mesmo tipo ocupem exatamente a mesma localização no espaço. Esse é um efeito mecânico puramente quântico, sem nenhum equivalente clássico. Trata-se precisamente da mesma lei que impede os elétrons de ocuparem exatamente as mesmas órbitas dentro dos átomos, o que, por sua vez, leva à totalidade da química. Uma vez que as leis da mecânica quântica impedem que as partículas se aproximem demais, isso produz uma pressão conhecida como *pressão de degeneração*. Nas estrelas *anãs brancas*, os elétrons são responsáveis pela pressão de degeneração que lhes permite resistirem a um colapso sob o efeito da gravidade. Essas estrelas são bem pequenas, com diâmetros de apenas 1/100 do diâmetro do Sol, e não dispõem de fontes internas de energia. Elas existem em grande número em nossa galáxia e constituem, naturalmente, o ponto final das estrelas de massa aproximadamente igual à do Sol que evoluem para a extremidade da

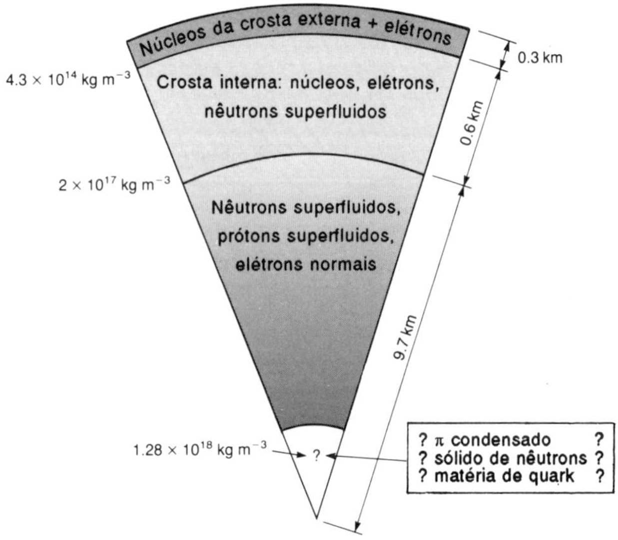

50. Modelo representativo da estrutura interna de uma estrela de nêutrons com massa igual a 1,4 vez a massa solar.

ramificação das gigantes (Figura 32). Essas estrelas agonizantes ejetam seus envoltórios, de maneira não-catastrófica, sob a forma do que se conhece como *nebulosas planetárias*, e deixam atrás de si restos quentes que acabam por se esfriar, transformando-se em anãs brancas.

Há um estado final ainda mais compacto, no entanto, em que a pressão de degeneração dos nêutrons impede que a estrela desabe sob o efeito da gravidade. O diâmetro da uma estrela de nêutrons típica é de apenas 10 a 15 quilômetros e ela pesa aproximadamente a massa do Sol. A densidade do material no interior da estrela é de cerca de 10^{18} kg m^{-3}. O único outro lugar em que se encontram essas densidades é dentro dos núcleos dos próprios átomos, de modo que vocês podem pensar nas estrelas de nêutrons como uma espécie de núcleo gigantesco — a estrela inteira, com todos os seus nêutrons e prótons, é altamente compactada. É assim que consegue manter-se sem entrar em colapso. As condições das estrelas de nêutrons são muito extremadas, e a Figura 50 nos dá uma visão dos notáveis processos físicos observados em seu interior. A descoberta dessas estrelas, inicialmente sugerida por Baade e Zwicky quando trabalhavam em Monte Wilson, Estados Unidos, na década de 1930, logo depois do descobrimento dos nêutrons, foi um golpe de pura sorte e resultou da exploração de uma área do espaço paramétrico que não fora anteriormente acessível aos astrônomos. Por muitas razões, a descoberta dos pulsares abriu perspectivas inteiramente novas para a astronomia, muito além de sua importância imediata para nossa história aqui. Antony Hewish recebeu o Prêmio Nobel por essa grande descoberta.

Voltemo-nos agora para outra grande descoberta, feita em 1971 através da astronomia de raios X. A astronomia no domínio dos raios X estava ainda em sua infância, em 1970, quando foi lançado o satélite de raios X UHURU. As experiências anteriores com foguetes haviam demonstrado a existência de fontes altamente variáveis de raios X. Durante os anos 60, os astrônomos que trabalhavam com raios X estavam completamente perplexos com o fato de essas fontes irem e virem, aparecerem e desaparecerem, tornando-se tremendamente difícil saber se eram reais ou não. Esse quadro foi esclarecido por uma das grandes descobertas do satélite UHURU, pela qual se constatou que, entre as fontes de raios X da galáxia, havia objetos que pulsavam muito depressa nos comprimentos de onda dos raios X. A Figura 51 mostra um dos registros dessa descoberta. Também nesse caso, o período da pulsação dos raios X é muito curto e se assemelha ao dos pulsares de rádio. Essa é uma forte sugestão da presença de uma estrela de nêutrons na fonte dos raios X. O processo mediante o qual se produzem os raios X, no entanto, é completamente diferente.

Os objetos não seriam emissores de raios X se não houvesse a presença de gás a uma temperatura de cerca de 10 milhões K ou mais, como podemos avaliar pela Figura 16. A grande pista veio do fato de que muitas das fontes galácticas de raios X se revelaram associadas a sistemas estelares binários. Logo se confirmou tratar-se de sistemas estelares duplos em que uma das estrelas era mais ou menos normal, enquanto sua companheira era completamente invisível, a não ser como uma intensa fonte de raios X. Se o plano da órbita da binária ficasse ao longo de nossa linha de visão, isso explicaria parte da atividade altamente variável de algumas dessas fontes, já que a fonte de raios X seria invisível quando ocultada pela estrela primária normal.

Tão logo se reconheceu a natureza binária de muitas das fontes de raios X, não levou muito tempo para que os teóricos deduzissem

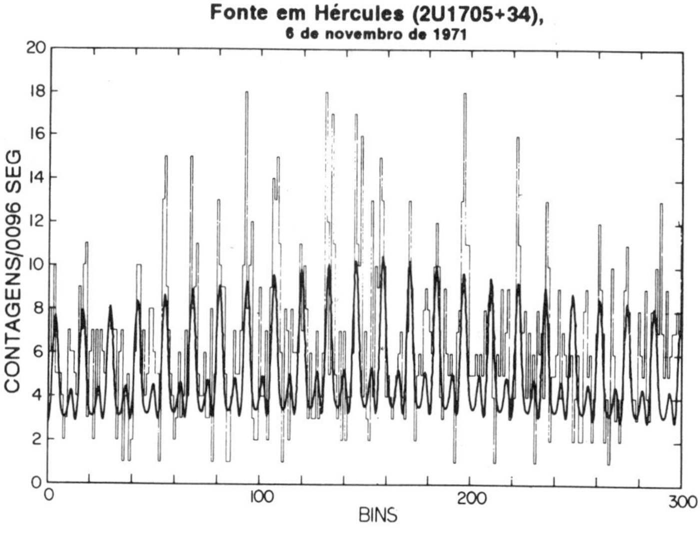

51. Registro do descobrimento da fonte pulsante de raios X HerX-1 obtido pelo satélite de raios X UHURU em 1971. Os raios X são emitidos em pulsos regulares com um período de mais ou menos um segundo, semelhante aos períodos verificados nos radiopulsares.

que havia um meio poderosíssimo de criar gás quente nesses sistemas. Quando se tem um sistema estelar binário, composto de uma estrela normal e uma estrela de nêutrons, e permite-se que a matéria da estrela normal caia na estrela muito compacta, a matéria é aquecida a uma temperatura realmente elevadíssima ao se chocar com a superfície da estrela compacta. Esse processo é conhecido como *acreção* e responde, de um modo ou de outro, pela intensa emissão de raios X das fontes binárias. A matéria arrastada da estrela companheira para a estrela compacta é canalizada pelo campo magnético para os pólos magnéticos da estrela compacta, e assim podemos entender por que é possível haver regiões muito quentes perto dos pólos magnéticos de uma estrela de nêutrons giratória. Quando esses pontos quentes giram sob o efeito da rotação da estrela, observamos pulsos de emissão de raios X na freqüência de rotação da estrela de nêutrons (Figura 52). Como pretendemos demonstrar, esses estudos dos pulsares e dos sistemas binários de raios X forne-

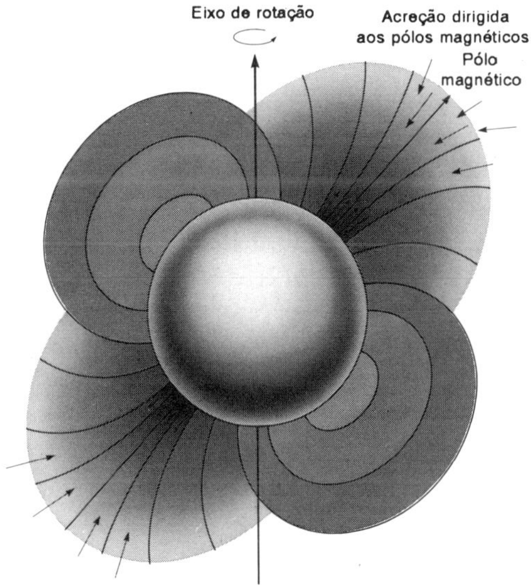

52. Modelo esquemático ilustrando como a acreção numa estrela de nêutrons com campo magnético não alinhado com o eixo de rotação pode dar origem a uma coluna de acreção passível de resultar na emissão pulsátil de raios X quando a fonte é observada à distância. A matéria em acreção é canalizada pelo campo magnético para os pólos magnéticos da estrela de nêutrons.

cem várias pistas importantes para a compreensão de como a energia pode ser gerada em índices imensos nos núcleos galácticos ativos.

Há, contudo, um grande problema, que consiste em que as estrelas de nêutrons só são estáveis quando sua massa é inferior a cerca de duas vezes a massa do Sol. O mesmo resultado aplica-se às anãs brancas. Atualmente, já se fizeram boas medidas da massa de oito estrelas de nêutrons que são membros de sistemas binários, e todas revelaram ter aproximadamente uma vez a massa solar. Essa é uma ótima notícia e apresenta boa concordância com a teoria. Entretanto, ainda temos de abordar a questão do que acontece com as estrelas mortas de massa superior a duas vezes a massa do Sol. Há também a questão do que acontece quando uma estrela de nêutrons é ainda mais comprimida. Lembramos que as estrelas de nêutrons são as últimas estrelas estáveis de que temos conhecimento. Se comprimíssemos uma delas ainda mais, ela entraria em colapso, apesar das pressões quanto-mecânicas enormemente poderosas que a sustentam.

Não há nenhuma força física capaz de impedir o colapso gravitacional num buraco negro. Ora, os buracos negros são apenas buracos na estrutura do espaço-tempo, e teremos muito a dizer sobre eles mais adiante. O que sempre considerei notável é que, quando se toma uma estrela como o Sol e se a comprime até transformá-la numa estrela de nêutrons, constata-se que seu diâmetro fica sendo de apenas cerca de 10 quilômetros. O diâmetro de um buraco negro de massa idêntica tem apenas cerca de 3 quilômetros — em outras palavras, as estrelas de nêutrons já são quase tão densas quanto a máxima densidade limite com que uma estrela deve desabar numa singularidade. Assim, no curso da evolução estelar, produzem-se, por processos naturais, objetos que chegam muito, muito perto de ser buracos negros, mas que param pouco antes de se transformar nisso por serem sustentados pela pressão quanto-mecânica dos nêutrons. Esse sempre me pareceu um bom argumento em favor da existência dos buracos negros, uma vez que nem todas as estrelas hão de ter sido ajustadas com tanta precisão a ponto de gerarem estrelas de nêutrons em vez de buracos negros.

Ora, o que quero realmente dizer com diâmetro de um buraco negro? Uma excelente maneira de pensar nisso foi assinalada pela primeira vez pelo reverendo John Michell, em 1783, num artigo lido perante a Royal Society. Observem que isso foi há mais de 130 anos antes da teoria especial da relatividade de Einstein, para não falar de sua teoria geral. Em linguagem moderna, ele perguntou: "Suponhamos que eu tenha uma estrela de massa *M*. Qual seria o diâmetro dessa estrela se a velocidade de escape de sua superfície fosse igual à velocidade da luz?" Vocês devem estar lembrados do conceito de *velocidade de escape*. Trata-se da velocidade que um foguete tem de ter na superfície da Terra para escapar à atração da gravidade terrestre. Em outras palavras, é a velocidade que permite que o foguete atinja uma distância infinita da Terra e tenha velocidade zero ao chegar lá. Se sua velocidade inicial for inferior à velocidade de escape, ele cairá na Terra. John Michell formulou exatamente a mesma pergunta, só que a respeito da velocidade da luz. E deu precisamente a resposta certa a que hoje chegamos a partir de nosso estudo dos buracos negros Há uma certa superfície em torno do buraco negro na qual a velocidade de escape é igual à velocidade da luz e, conseqüentemente, nenhuma luz jamais consegue escapar do interior dessa superfície. Na linguagem moderna, o raio dessa superfície é conhecido como raio de *Schwarzschild*, o raio R_s do buraco negro. Esse é um raio tão importante que vale a pena escrever sua fórmula e expressá-la em termos da massa do buraco negro. O raio de Schwarzschild de um buraco negro esfericamente simétrico é dado por

$$R_S = \frac{2GM}{c^2} = 3\left(\frac{M}{M_{Sol}}\right) \text{ km}$$

onde G é a constante gravitacional, c é a velocidade da luz, M é a massa do buraco negro e M_{Sol} é a massa solar. Assim, o raio de Schwarzschild de um buraco negro de uma massa solar é de apenas 3 km.

Agora é hora de apresentar os próprios buracos negros, que podemos considerar como tendo duas famílias. Os mais simples são os *buracos negros esfericamente simétricos*, ou *buracos negros de Schwarzschild*, caracterizados apenas por sua massa. Toda a massa concentra-se no centro do buraco negro e há uma curvatura em torno dele, conhecida como *raio de Schwarzschild*, que, como demonstramos, funciona como a superfície do buraco negro. Esse é o ponto absolutamente sem volta da radiação, como descrevemos acima. A razão de esses objetos serem chamados de buracos é que, quando a matéria ou a radiação se aproxima demais, descreve inevitavelmente uma espiral de queda em direção a eles, a despeito de ser possível que tenha alguma rotação em torno do buraco negro. Segundo a teoria da relatividade geral, quando a matéria se aproxima demais do raio de Schwarzschild, a rotação não mais consegue impedi-la de cair no centro e, a rigor, decididamente a ajuda a cair. Do ponto de vista astrofísico, o importante é que há uma última órbita circular estável em torno dos buracos negros de Schwarzschild, situada a um raio equivalente a três vezes o raio de Schwarzschild. A matéria pode percorrer órbitas circulares com qualquer raio superior a esse, mas, tão logo a órbita atinge um raio de $3R_s$ ou menos, ela é inexoravelmente arrastada para o buraco (Figura 53*a*).

A outra forma de buraco negro é o *buraco negro giratório* ou *de Kerr*. Em geral, seria de esperar que os buracos negros tivessem alguma rotação (ou, dito de maneira mais apropriada, momento angular), já que é provável que a matéria de que eles se formam tenha alguma rotação residual, exatamente pelas mesmas razões pelas quais é provável que as proto-estrelas girem (ver Capítulo 2). Além disso, é de esperar que eles ganhem momento angular, pois é bem possível que a matéria cadente o tenha e que isso acelere o

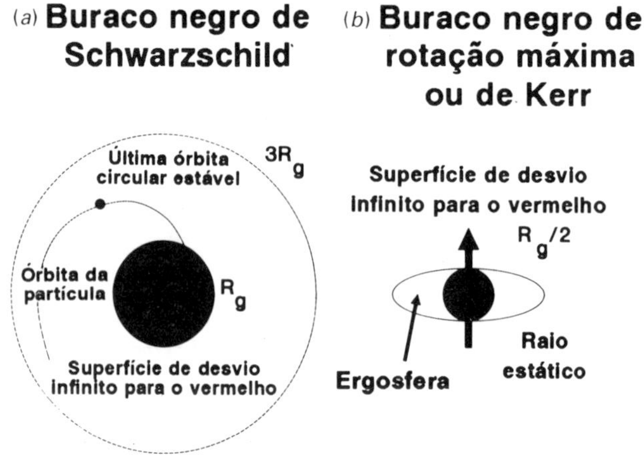

53. Ilustração das estruturas dos (a) buracos negros esfericamente simétricos (de Schwarzschild) e (b) buracos negros giratórios (de Kerr). No segundo caso, o buraco negro gira tão depressa quanto possível.

buraco negro. Há, no entanto, um limite máximo de momento angular que um buraco negro giratório pode possuir: se o ultrapassasse, ele giraria tão depressa que nunca chegaria a se formar, para começo de conversa. Seria despedaçado pelas forças centrífugas. Para os que se interessam pelos detalhes técnicos, o limite superior do momento angular J é dado pela fórmula $J = GM^2/c$.

Os buracos negros giratórios são ainda mais exóticos do que os esfericamente simétricos. Também nesse caso, há uma "superfície de desvio infinito para o vermelho" de cujo interior a radiação e a matéria não conseguem escapar. No caso dos buracos negros de rotação máxima, esse raio é muito menor do que nos não-giratórios, equivalendo à metade do raio de Schwarzschild. Fora dessa superfície, há um volume com o formato de uma concha elipsoidal, conhecido como *ergosfera*, onde as partículas devem rodar junto com o buraco negro (Figura 53*b*). Do ponto de vista da geração de energia, o importante é que as últimas órbitas estáveis em torno do buraco negro chegam muito mais perto dele e, portanto, a energia passível de ser extraída é maior do que no caso dos buracos negros não-giratórios. Descreveremos com mais detalhes os resultados desses cálculos dentro em pouco.

Ora, tudo isso é muito interessante, mas o que tem a ver com os quasares e os núcleos galácticos ativos? À primeira vista, é como se houvéssemos produzido objetos que são ótimos para se livrar da matéria e da energia, mas não para emiti-las! A pista, mais uma vez, é fornecida pelas fontes binárias de raios X. Como demonstramos anteriormente, a fonte de energia desses sistemas é a acreção de matéria vinda da estrela primária normal para a estrela secundária compacta. Verifica-se que esse é um meio extremamente eficaz de produzir energia, desde que a estrela seja suficientemente compacta. Tudo o que se faz é pegar a matéria e jogá-la de uma altura imensa na superfície de uma estrela de nêutrons. Se eu fizer uma experiência similar como demonstração de aula, não será lá muito impressionante. Se eu derrubar uma bola de canhão no piso, ela fará um barulhão enorme. O que acontece é que a bola perde a energia cinética que havia adquirido na queda ao se chocar com o chão e parte dessa energia é convertida no barulho que ouvimos, enquanto parte vai para o afundamento do piso e para seu aquecimento, mas isso não chega, na verdade, a ser extraordinariamente impressionante. Quando lidamos com a queda de matéria numa estrela de nêutrons, entretanto, a matéria adquire uma velocidade absolutamente imensa antes de atingir a superfície e ficar grudada ali. Na verdade, uma soma muito simples mostra que a matéria alcançaria uma velocidade equivalente a uma fração significativa da velocidade da luz. Se fizerem essa soma com cuidado, vocês verão que, se a matéria simplesmente cair na superfície de uma estrela de nêutrons, um total de até cerca de 5% da energia da massa de repouso da matéria cadente poderá ser convertido em calor. Esse é um volume de energia realmente imenso. Podemos compará-lo com o máximo que obtemos nas reações de fusão nuclear. Quando descrevemos as reações nucleares que energizam o Sol, vocês devem estar lembrados de que pudemos extrair um máximo de pouco menos de 1% da energia da massa de repouso. Aqui, saímo-nos pelo menos cinco vezes melhor.

No exemplo acima, a matéria caiu na superfície de uma estrela de nêutrons. Que acontece quando ela cai num buraco negro? Quanta energia podemos extrair, em princípio, antes de ela desaparecer no interior do raio de Scwarzschild? Deixem-me fornecer-lhes as cifras, em primeiro lugar, antes de perguntarmos como os buracos negros poderiam realmente conseguir fazer alguma coisa de útil com a energia. Os buracos negros esfericamente simétricos permitem-nos recuperar cerca de 6% da energia da massa de repouso da matéria que cai em seu interior, isto é, uma eficiência cerca de dez vezes maior que a da energia nuclear. Se o buraco negro puder girar tão rápido quanto possível, cerca de 42% da energia da massa de repouso da matéria cadente poderão ser extraídos para finalidades úteis. Trata-se de um volume de energia realmente fantástico. Ele é aproximadamente 50 vezes maior do que é possível produzir com a energia nuclear. Por fim, poderíamos indagar quanto da energia giratória de um buraco negro de rotação máxima poderia tornar-se disponível se tentássemos extraí-la. A resposta teórica é: cerca de 29% de sua energia da massa de repouso. Evidentemente, temos acesso a poderosíssimas fontes de energia nos buracos negros giratórios.

Reparem, no entanto, que obtivemos muito mais do que simples energia. Descobrimos uma fonte energética capaz de liberar energia na mais curta escala de tempo possível para um objeto de determinada massa. Isso se deve a que a maior parte da energia é gerada, aproximadamente, a partir da última órbita estável em torno do buraco negro, o que significa podermos esperar que haja variações de intensidade em escalas temporais da ordem do tempo de propagação da luz através do buraco negro. Uma vez que o raio R_s de Schwarzschild é a menor escala física significativa que podemos associar à massa M, R_s/c deve ser a escala temporal mais curta em que se produz a energia. Assim, obtemos simultaneamente duas coisas dos buracos negros. Obtemos fontes imensamente poderosas de energia, no sentido de que quase se pode liberar a energia da massa de repouso da matéria que cai nos buracos negros, e obtemos também a menor escala temporal possível para um objeto dessa massa. Tudo começa a fazer sentido, e a pergunta é: podemos aplicar essas idéias aos fenômenos mais energéticos que conhecemos no universo?

Bem, vocês teriam todo o direito de perguntar: "Suponhamos que, em vez de cair numa superfície sólida, como a de uma estrela de nêutrons, a matéria caísse no buraco negro, que não tem superfície sólida — como poderíamos liberar toda essa energia na prática?" À primeira vista, vocês poderiam dizer: "Bem, se a matéria cair num buraco negro, isso não servirá para nada — teremos simplesmente perdido toda a matéria, sem extrair energia alguma!" Essa é outra área em que as observações das fontes binárias de raios X forneceram a pista essencial, pois é muito improvável que a matéria possa alguma vez cair diretamente no buraco negro. Trata-se, nesse caso,

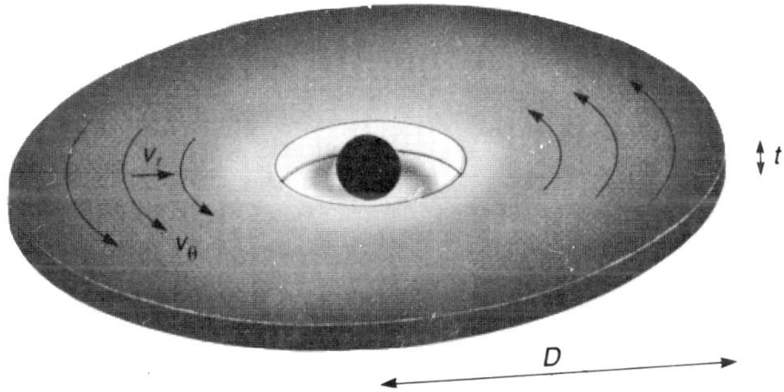

54. Ilustração da estrutura de um disco fino de acreção em torno de um buraco negro. O material deriva para o centro, em direção ao buraco negro, a uma velocidade v_r. A dissipação da energia associada à transferência externa do momento angular do disco aumenta nas regiões centrais. No caso dos buracos negros, a última órbita estável em torno do buraco negro ocorre a $r = 3R_S$, onde R_S é o raio de Schwarzschild.

do velho problema encontrado quando tentamos chegar às estrelas — a matéria tem de possuir alguma rotação residual em torno do buraco negro se cair de uma grande distância e, tal como no exemplo discutido no Capítulo 2, temos de descobrir algum meio de nos livrarmos de sua rotação em relação ao buraco negro ou à estrela de nêutrons a fim de que ela atinja a "superfície" do objeto. Ora, há um modo muito convincente pelo qual sabemos que isso pode acontecer e consiste em a matéria formar um disco em torno do buraco negro. Isso acontece muito naturalmente, pois a matéria tende a cair ao longo do eixo de rotação do material cadente. A matéria só consegue mover-se para uma órbita mais próxima em torno do buraco negro perdendo energia, e pode fazer isso através do atrito e da viscosidade do disco de acreção. Esse é um belo dado da astrofísica, em que o gás perde energia pelo atrito no disco, e leva a duas coisas altamente desejáveis: primeiro, a energia é dissipada e isso aquece o disco; segundo, a matéria deriva gradativamente para o interior, em direção ao buraco negro (Figura 54). É dessa maneira que a matéria cadente pode liberar como calor grande parcela de sua energia da massa de repouso.

Antes de voltarmos ao mundo real das fontes de raios X e dos núcleos galácticos ativos, precisamos de mais uma idéia. Quando a

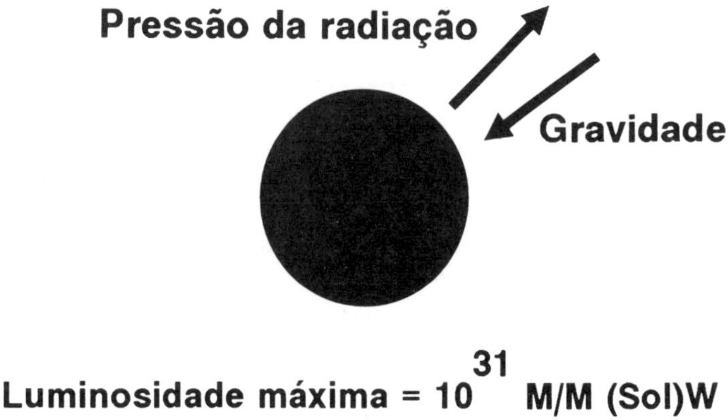

55. Ilustração da origem da luminosidade limite de Eddington.

luminosidade de uma fonte é demasiadamente grande, a pressão de radiação dessa luminosidade atira longe a matéria que serve de combustível à estrela de nêutrons ou ao buraco negro. Estamo-nos referindo apenas à pressão associada ao enorme fluxo de energia proveniente do núcleo (Figura 55). Esse é um cálculo muito famoso, inicialmente efetuado por Arthur Eddington, que mostrou haver uma luminosidade máxima para qualquer fonte antes de ela atirar longe a matéria cadente. O que existe aí de especial interesse é que essa luminosidade limite só depende da massa do objeto. Para os que estiverem interessados em verificar esses cálculos por si, a luminosidade máxima de Eddington, L_{Edd}, é:

$$L_{\mathrm{Edd}} = 10^{31} \left(\frac{M}{M_{\mathrm{Sol}}}\right) \text{ watts}$$

Uma das coisas realmente notáveis nas fontes galácticas de raios X é que sua luminosidade no domínio dos raios X estende-se até aproximadamente a luminosidade limite de Eddington e pára mais ou menos aí, presumindo-se que a massa das estrelas em acreção se situe entre uma e dez vezes a massa solar. Essa é uma ótima prova de que, pelo menos no caso das fontes de raios X, existem objetos capazes de emitir radiação, sem grande dificuldade, até mais ou menos a luminosidade teórica máxima.

Terão os astrônomos descoberto algum buraco negro? Essa é uma pergunta muito intrigante. Existem agora pelo menos três ótimos candidatos, descobertos por astrônomos que trabalham com raios X, onde se sabe existirem companheiros invisíveis nas fontes binárias de raios X. Esses parceiros invisíveis parecem ser bastante massivos — o que significa cerca de dez vezes a massa solar. Todas as estimativas da massa desses parceiros invisíveis ultrapassam o limite superior das anãs brancas e das estrelas de nêutrons, que é de cerca de duas vezes a massa do Sol. Portanto, se esses objetos forem realmente tão massivos quanto dez vezes a massa solar, só poderão ser buracos negros. Essa é uma área muito importante e instigante da astrofísica, e precisamos confirmar com grande urgência se de fato existem buracos negros nesses sistemas binários.

A outra área em que é possível defender de maneira muito convincente a presença de buracos negros é o caso dos núcleos galácticos ativos. Tentemos agora reunir todas as idéias desenvolvidas nos parágrafos anteriores para compreender os fenômenos que observamos. Tomemos um belo exemplo — o caso da galáxia ativa NGC4151, que descrevemos no Capítulo 1 (Figuras 9 e 10). Alguns de meus colegas europeus efetuaram um impressionante conjunto de observações usando o telescópio espacial ultravioleta conhecido como Explorador Internacional de Ultravioleta (IUE). Essa galáxia contém um dos mais ativos núcleos próximos e há nuvens de gás bastante densas nas imediações do núcleo. O que os astrônomos descobriram foi que essas nuvens de gás são aquecidas e agitadas pela radiação ultravioleta emitida muito perto do próprio núcleo. O aspecto excitante desse conjunto de observações foi que eles conseguiram medir o intervalo temporal entre uma emissão de radiação ocorrida no núcleo e a estimulação das nuvens circunvizinhas por essa emissão para que elas emitam radiação. Essa é uma notícia excelente, pois significa que podemos estimar a distância entre as nuvens e o núcleo, já que a radiação se propaga à velocidade da luz. Trata-se de uma esplêndida observação, pois agora podemos calcular quanta massa deve haver dentro das órbitas dessas nuvens de gás. O cálculo é exatamente o mesmo que nos permite medir a massa solar conhecendo a distância entre a Terra e o Sol e sua velocidade orbital. Tudo o que precisamos fazer é compensar a força centrífuga que age sobre as nuvens com a atração gravitacional do núcleo,

$$\frac{mv^2}{R} = \frac{GMm}{R^2}$$

assim encontrando diretamente a massa do núcleo:

$$M = \frac{v^2R}{G}$$

O que emergiu disso foi que devia haver, no núcleo da galáxia NGC4151, um objeto compacto de massa pelo menos 100 milhões de vezes superior à massa do Sol. Atualmente, já se fizeram cálculos semelhantes sobre vários outros núcleos galácticos ativos: os emissores mais luminosos têm massas situadas na mesma faixa, 1 milhão a 1 bilhão de vezes a massa solar.

Deduzimos três relações importantes acerca das propriedades dos buracos negros como fontes de energia nos núcleos galácticos ativos, as quais trazem grandes embaraços para os modelos. São elas:

1. A acreção fornece uma produção muito eficaz de energia, com eficiências que vão de 5 a 40% da energia da massa de repouso do material cadente.
2. A escala de tempo mais curta da variabilidade de um objeto de massa M é aproximadamente fornecida por $R_s/c = 10^{-5}\ (M/M_{Sol})$ segundos.
3. A luminosidade máxima da fonte é limitada pela pressão da radiação, de acordo com o limite de Eddington de $L<10^{31}$ (M/M_{Sol}) watts.

Até que ponto estamos certos de que os núcleos galácticos ativos satisfazem esses critérios? A resposta é apresentada na Figura 56, que mostra estimativas da massa de uma faixa de núcleos galácticos ativos, derivadas das teses dinâmicas e da variabilidade da emissão proveniente dos núcleos. Podemos ver que essas estimativas da massa mostram uma concordância razoável. Assim, usando-se essas massas, pode-se representar cada núcleo ativo num diagrama de massa-luminosidade para verificar se ele se aproxima ou não da região que, segundo o critério de Eddington, é proibida. Na Figura 56*b*, é possível constatar que os núcleos galácticos ativos aproximam-se da região proibida, mas não caem nela. Esses diagramas indicam que até mesmo os quasares mais extremos podem ser enquadrados nos modelos mais simples dos buracos negros. Minha visão pessoal é que esses argumentos nos convencem plenamente de que deve haver buracos negros supermassivos nos núcleos galácticos ativos.

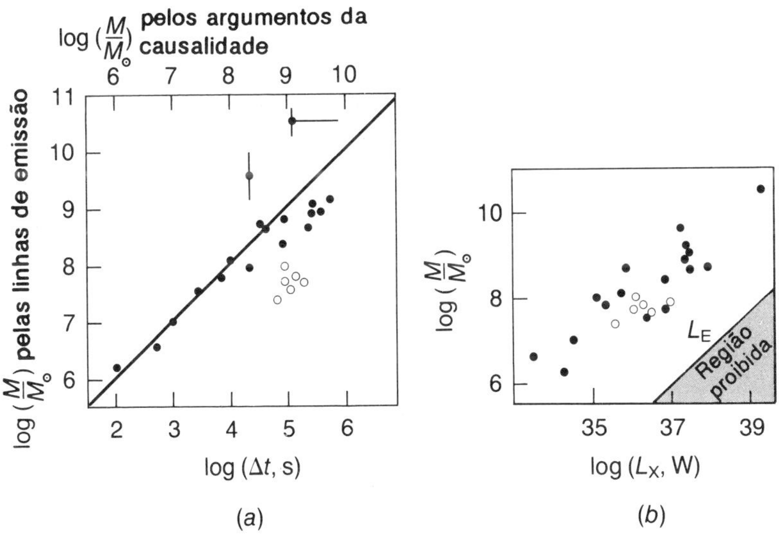

56. (a) Comparação das estimativas de massa dos núcleos galácticos ativos a partir da variabilidade de sua emissão de raios X e de estimativas dinâmicas. Os pontos cheios são quasares e galáxias Seyfert do tipo 1. Os círculos são galáxias Seyfert do tipo 2. (b) Comparação das massas e luminosidades deduzidas com a luminosidade limite de Eddington. Vê-se que todos os pontos situam-se bem longe do limite de Eddington. $M_\odot$(V) é a massa do Sol.

Será que podemos, agora, juntar tudo isso para explicar os muitos fenômenos diferentes que observamos nas galáxias ativas? A resposta sincera é: "Realmente, não." Os argumentos gerais são fortes, porém os mais pormenorizados são difíceis e há necessidade de um bocado de conjecturas para explicar tudo o que vemos. Por exemplo, sabemos que há densas nuvens de gás orbitando ao redor do núcleo, mas de onde vem esse gás? Não temos certeza. Sabemos que há jatos de rádio saindo do núcleo das galáxias, mas como eles conseguem fazê-lo? Podemos conjecturar que seria mais simples a radiação escapar pelo eixo de um buraco negro giratório, mas ainda não dispomos de um modelo físico realmente convincente dos discos de acreção em torno dos núcleos mais ativos, ou do meio circundante dos buracos negros. Não sabemos como os buracos negros conseguem acelerar as partículas a energias elevadíssimas. Sabemos que eles com certeza são capazes de fazê-lo, mas o mecanismo físico

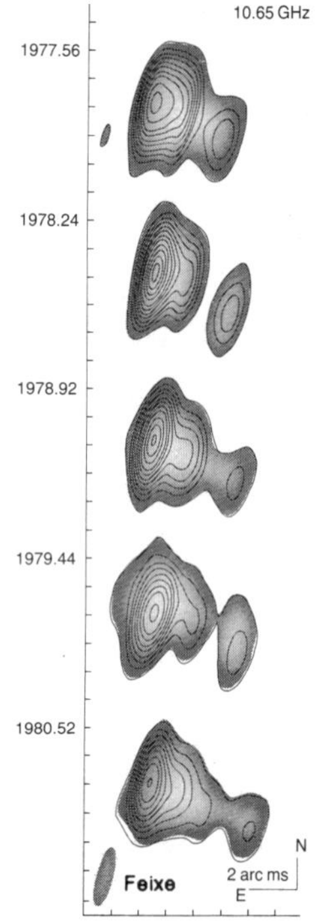

57. Imagens radiointerferométricas de longa base (VLBI) do núcleo do radioquasar 3C 273 no período de 1977 a 1980. O componente de rádio desloca-se por uma distância de aproximadamente 25 anos-luz num período de três anos, o que implica uma velocidade superluminar de expansão correspondente a cerca de oito vezes a velocidade da luz.

implicado não é realmente conhecido. Não só as partículas têm de ser produzidas, como também é preciso liberá-las em feixes ou jatos a velocidades altíssimas. Um dos resultados mais surpreendentes da astrofísica moderna foi a descoberta de que alguns desses jatos parecem escapar do núcleo a velocidades superiores à velocidade da luz (Figura 57). Ora, segundo a teoria especial da relatividade de Einstein, isso não pode acontecer. É quase certo que o que vemos é algum tipo de efeito aberrante, pelo qual o jato se desloca a uma velocidade altíssima, mas subluminar, e simplesmente parece estar se movendo para o lado, mais depressa do que a velocidade da luz,

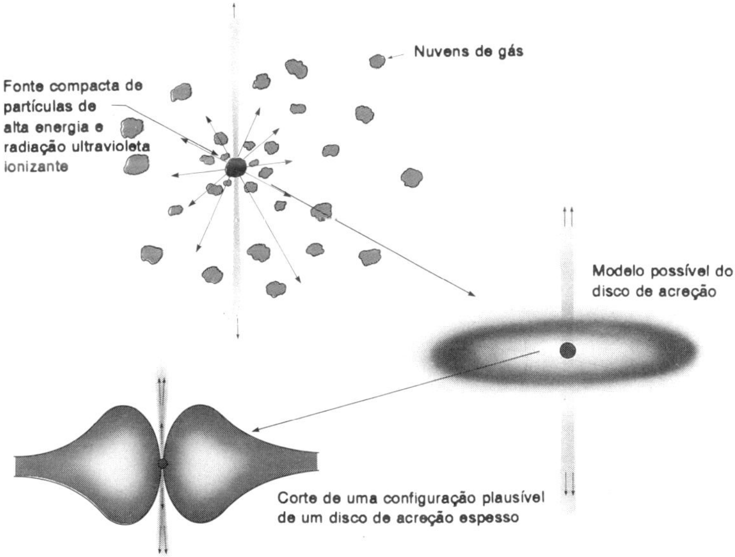

58. Modelo esquemático exibindo os componentes necessários de um modelo de núcleo galáctico ativo. Deve haver uma fonte compacta de radiação e partículas de alta energia no núcleo. Este é cercado por nuvens de gás que são aquecidas e excitadas pela radiação ultravioleta proveniente do núcleo. Deve haver algum mecanismo que responda pela produção dos feixes de partículas. As inserções mostram uma estrutura possível do disco de acreção e do disco espesso que circunda o buraco negro. Talvez eles sejam responsáveis pela produção dos feixes estreitos de partículas de alta energia. Não se sabe ao certo se essa configuração de um disco espesso é estável.

pelo fato de a fonte de radiação estar correndo em direção a nós. Na Figura 58, preparei um esquema de como devem ser as regiões nucleares de um quasar, mas se trata de um esboço altamente esquemático e, sem dúvida, não há nenhuma garantia de que a estrutura que esbocei seja estável.

Portanto, a que chegamos? Qual é a origem dos quasares? Creio que vocês constatarão que a maioria dos astrônomos concorda em que deve haver buracos negros supermassivos em núcleos galácticos ativos a fim de explicar suas propriedades extremas — em particular, os buracos negros têm todas as propriedades de que precisamos para explicar as luminosidades e as escalas temporais desses fenômenos.

Mas o modo de converter essas regras gerais numa teoria definitiva dos quasares ficará, provavelmente, para uma próxima geração de cientistas. As implicações desses estudos são imensas, pois descobrimos objetos supermassivos muito compactos nos quais os efeitos da gravidade já não são fracos, mas realmente muito intensos. Temos uma oportunidade, nesses sistemas, de estudar o comportamento da matéria em fortes campos gravitacionais que não são encontrados em nenhum outro ponto do universo. Uma de nossas grandes metas é ter uma compreensão maior sobre o comportamento das leis da física nessas condições físicas extremas. É aí que precisamos de sua ajuda — vocês têm de nos ajudar a solucionar o grande mistério de como é possível que as mais poderosas fontes de energia do universo consigam produzir a espantosa gama de novos fenômenos que está deixando perplexa a atual geração de astrônomos.

4

A Origem das Galáxias

No Capítulo 1, descrevi de que modo a estrutura de larga escala do universo é definida pela distribuição das galáxias. Pensamos nas galáxias como simples pontos que demarcam essa distribuição de larga escala. O que queremos estudar aqui é como se produzem as galáxias, e esse problema revela-se inextricavelmente mesclado com a origem das estruturas de maior escala. No Capítulo 2, descrevemos o ciclo vital das estrelas — seu nascimento em regiões densas e poeirentas do espaço interestelar, sua longa vida como estrelas comuns e sua morte violenta: aquilo que chamei de grande ciclo cósmico de nascimento, vida e morte das estrelas. Assim, já conhecemos bastante o funcionamento interno dos componentes das galáxias. Há um intercâmbio contínuo de matéria entre as estrelas e o gás interestelar. As estrelas formam-se em densas regiões de gás interestelar e, ao morrerem, devolvem o material processado para tornar a suprir o meio interestelar. Como resultado, há um bocado de estruturas ricas no meio interestelar e uma enorme gama de fases do gás, que vai desde o gás muito frio das regiões poeirentas até o gás quentíssimo, aquecido pelas explosões das estrelas. Em decorrência disso, uma vez que uma galáxia se inicia, podemos construir modelos da evolução de seu conteúdo estelar, já que sabemos como o índice de formação das estrelas depende das condições físicas locais. Estou ciente de estar jogando para baixo do tapete um grande volume de incertezas e complexidades, mas, em princípio, podemos construir modelos de galáxias que guardem alguma semelhança com os objetos que observamos.

O grande problema, no entanto, é: "Como foi que tudo começou?" Em outras palavras, como foi que o gás de que se formaram as galáxias veio a se condensar, antes de mais nada, para que os processos de formação estelar e o grande ciclo cósmico pudessem ter início? É esse o problema que estudamos neste capítulo. Vamos presumir que, uma vez formadas as estrelas, a galáxia tome conta de si — foi disso que falamos nos três primeiros capítulos. À primeira vista, portanto, nosso objetivo não parece ambicioso demais — tudo o que temos de garantir é a existência de perturbações ou intensificações significativas na densidade cosmológica do universo, a partir das quais possam formar-se grandes sistemas autogravitacionais como as galáxias e os aglomerados de galáxias. O que isso significa é que precisamos descobrir mecanismos físicos que produzam intensificações da densidade a partir da matéria difusa do universo. Isso soa extremamente simples, mas, na verdade, resulta em alguns problemas muito sérios.

Para avaliar como surgem esses problemas, temos de compreender o pano de fundo contra o qual estamos tentando fazer com que a matéria se agregue. Em outras palavras, precisamos entender os movimentos de larga escala presentes no universo. Essa é uma das histórias mais notáveis da ciência do século XX e teve início nos primeiros anos deste século. Naquela época, ninguém sabia ao certo se os objetos que hoje conhecemos como galáxias pertenciam a nossa própria galáxia ou eram "universos-ilhas" distantes. Os astrônomos e filósofos do século XIX haviam conjecturado que as galáxias eram universos-ilhas distantes, parecidos com nossa própria galáxia, mas não havia qualquer prova direta disso. A prova da natureza extragaláctica das galáxias veio depois de um notável debate que se encerrou por volta de 1920, quando o cientista norte-americano Edwin Hubble confirmou, para satisfação de todos, que as galáxias eram realmente sistemas distantes semelhantes a nossa galáxia. Esse foi o início da pesquisa extragaláctica e da cosmologia observacional; a maior parte da carreira subseqüente de Hubble foi dedicada ao estudo da distribuição em larga escala das galáxias no universo. Em 1929, ele descobriu a famosa lei que leva seu nome — a *Lei de Hubble*. Constatou que a distribuição das galáxias não era estática e que, quanto mais longe lançávamos o olhar no universo, maiores eram as velocidades com que as galáxias se afastavam da Via-Láctea. De fato, há uma proporção linear entre a distância da galáxia e a velocidade com que ela se distancia de nós — é essa a Lei de Hubble. A Figura 59 é uma versão moderna dessa relação. No eixo horizontal está representada a magnitude visível das galáxias, que é apenas uma medida logarítmica da intensidade observável da galáxia, a qual é proporcional ao logaritmo de sua distância, desde que todas as galáxias representadas tenham a mesma luminosidade intrínseca. No eixo vertical estão representadas as velocidades de recessão das galáxias, ou seja, as velocidades com que elas se distanciam de nós. Vocês podem ver que os pontos se situam magnificamente ao longo de uma linha reta a 45 graus, mostrando que a velocidade é exatamente proporcional à distância. Garanto-lhes que nunca há correlações melhores do que essa na cosmologia.

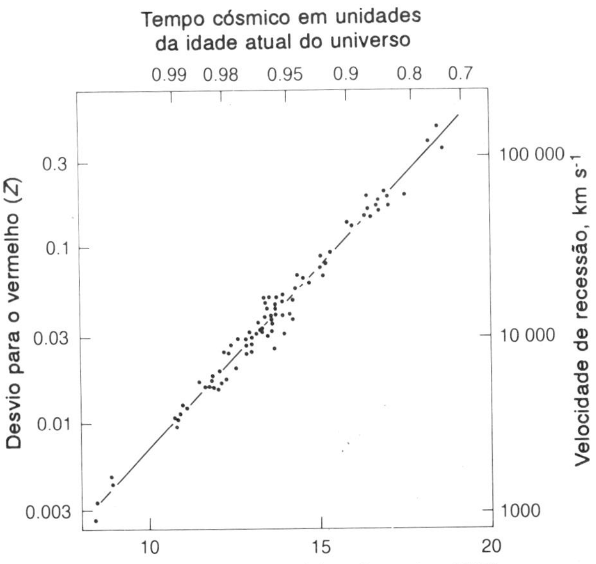

59. Versão moderna da relação de Hubble no tocante às galáxias mais brilhantes nos aglomerados galácticos. Nesse gráfico logarítmico, a magnitude aparente corrigida V é comparada com o desvio para o vermelho, z. A magnitude aparente é definida como V = constante - 2,5 log S, onde S é a densidade de fluxo na faixa de ondas V. A reta é o que se esperaria se S fosse proporcional a z^{-2}. A pequena dispersão em torno dessa linha mostra que as galáxias mais brilhantes dos aglomerados devem ter propriedades excepcionalmente padronizadas e que as distâncias das galáxias são proporcionais a suas velocidades de recessão ou desvios para o vermelho.

Antes de examinarmos o que significa a Lei de Hubble, vamos examinar outra informação, que é saber se nosso universo tem ou não a mesma aparência em todas as direções, nas maiores escalas angulares. Ora, vocês devem estar lembrados de que, no primeiro capítulo, afligimo-nos bastante com o fato de a distribuição das galáxias ser muito irregular — há grandes buracos ou vazios, bem como camadas e filamentos feitos de galáxias. A questão é: se tomarmos regiões suficientemente grandes do universo, será que a distribuição acabará sendo regular ou continuará a haver irregularidade nas escalas mais amplas de todas? Se tirarmos a média de volumes suficientemente grandes para que muitos vazios e concentrações sejam incluídos nela, veremos que o universo de fato parece ser razoavelmente homogêneo nas diferentes direções. Vocês podem ter uma dimensão disso examinando as regiões não obscurecidas da Figura 13, que mostra a distribuição das galáxias no Hemisfério Galáctico Norte. Embora a distribuição seja irregular, cada pedaço se assemelha muito aos demais. Se raciocinarmos em termos de nosso modelo do universo como uma esponja, o que queremos dizer é que cada pedaço da esponja é muito parecido com qualquer outro, desde que extraiamos as médias de um número bastante grande de buracos.

Hoje em dia, há mais provas da homogeneidade da estrutura de larga escala do universo. Podemos, por exemplo, selecionar apenas objetos muito distantes estudando grandes amostras das radiofontes que descrevemos no Capítulo 3. A Figura 60 mostra as posições das 3 mil radiofontes mais brilhantes no céu setentrional. Mais uma vez, inclinei as coordenadas para que áreas celestes iguais correspondam a áreas iguais nessa imagem. Vocês podem ver um buraco bastante destacado no meio da distribuição, mas ele está ali porque esse pedaço do céu não foi investigado no levantamento de rádio. Se excluirmos essa região de nossos estudos, poderemos demonstrar que a distribuição dos pontos é inteiramente compatível com o fato de as radiofontes estarem dispostas ao acaso no céu. Quaisquer "constelações" ou aglomerados aparentes se devem simplesmente à superposição dos pontos ao acaso. Isso sugere vivamente que a distribuição dos objetos distantes é a mesma em todas as direções celestes.

Mas temos informações ainda melhores sobre essa questão fundamental, a partir da distribuição da radiação cósmica de fundo no céu. Teremos muito a dizer sobre essa radiação no último capítulo, mas, numa palavra, ela é o remanescente frio que hoje podemos detectar das fases quentes iniciais do universo. Já mostramos, na Figura 24, as belíssimas radiocartas celestes obtidas com o satélite COBE. Essa imagem é dominada pelo ligeiro aumento e decréscimo da intensidade da radiação cosmológica em virtude do movimento da Terra através da radiação cósmica de fundo. Os cientistas do COBE eliminaram os efeitos devidos ao movimento da Terra por essa radiação, obtendo os resultados mostrados na Figura 61. O plano de nossa galáxia pode agora ser visto claramente. Salvo na direção do Plano Galáctico, contudo, a intensidade da radiação cósmica de fundo é a mesma em todas as direções, em mais de uma parte por 30 mil. Mas vocês poderão dizer: "Bem, mas afinal o que a radiação cósmica de fundo tem a ver com o universo das galáxias?" Essa é uma das principais idéias com que temos de lidar neste capítulo. Por ora, peço-lhes que aceitem que esse é realmente o fundo contra o qual temos de compreender as galáxias. O fato de a distribuição ser tão uniforme em todas as direções diz-nos que uma ótima abordagem é começar por modelos do universo que sejam idênticos em todas as direções. Tecnicamente, dizemos que, em larga escala, o universo é isotrópico.

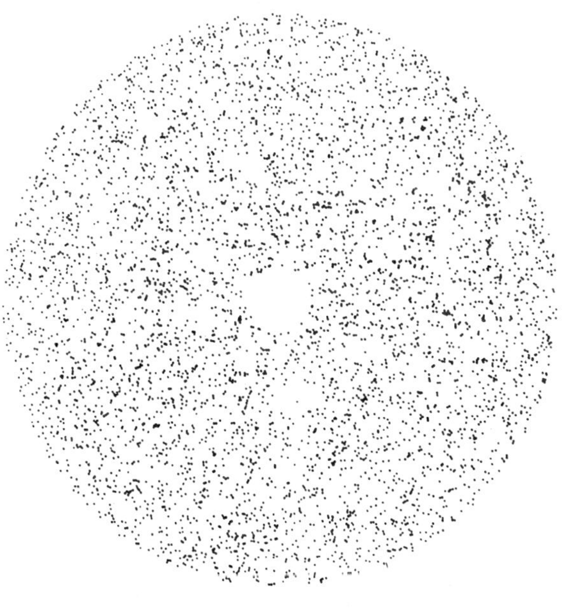

60. Distribuição das radiofontes do hemisfério norte segundo o quarto Catálogo de Cambridge. Nessa projeção de área igualada, o pólo norte celestial está no centro do diagrama e o equador celestial, ao redor da circunferência da distribuição.

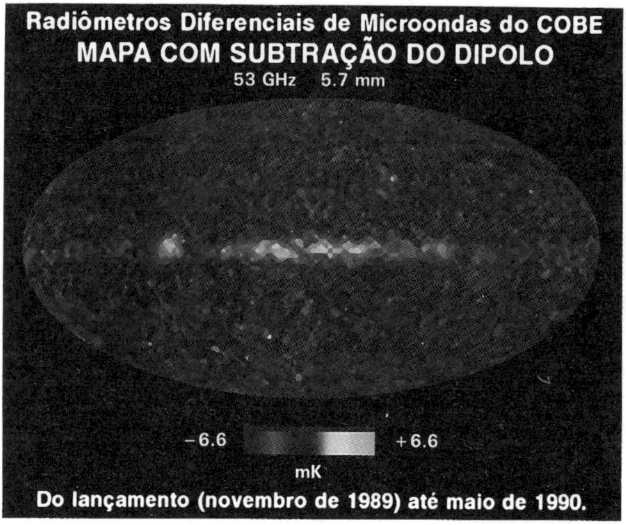

61. Distribuição da intensidade da radiação pela esfera celeste a um comprimento de onda de 5,7 mm, tal como observada pelo satélite COBE, depois de eliminado o efeito do movimento da Terra pela radiação cósmica de fundo. Longe do Plano Galáctico, não há indícios de nenhuma anisotropia (desigualdade) na distribuição da radiação.

Voltemos agora à Lei de Hubble. Ao considerarmos em conjunto a Lei de Hubble e a isotropia do universo, verificamos que a primeira tem uma significação muito mais profunda. Na Figura 62, mostro uma distribuição homogênea de galáxias que se expandem uniformemente. Pois bem, a chave está em concentrarmos nossa atenção em qualquer das galáxias e perguntar como as outras têm de se mover em relação à galáxia escolhida para que a distribuição delas permaneça uniforme. O mais simples é nos concentrarmos numa linha de galáxias. Vocês notarão que, na expansão uniforme, quanto mais longe está uma galáxia da que foi escolhida, mais ela tem se afastar, num dado intervalo de tempo, para preservar a homogeneidade. De fato, inspecionando a Figura 62, vocês podem ver que, numa expansão uniforme, a velocidade de recessão de uma galáxia tem de ser exatamente proporcional à distância, isto é, exatamente a Lei de Hubble. É rigoroso afirmar que, num universo em expansão homo-

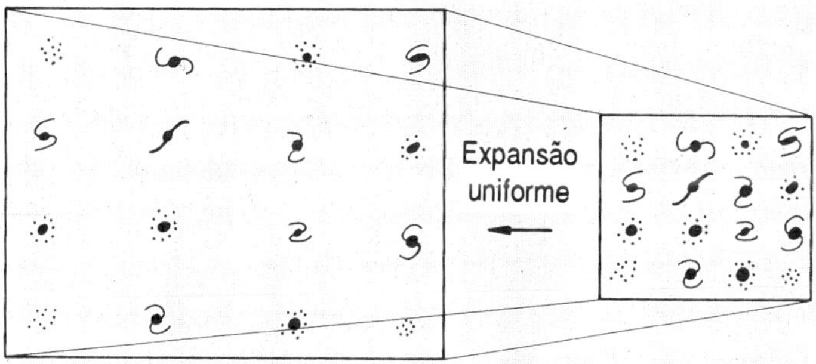

62. Diagrama esquemático mostrando uma distribuição uniforme de galáxias que participam de uma expansão homogênea de sua distribuição.

gênea, quanto mais distante está uma galáxia, mais depressa ela tem de estar afastando-se de nós para garantir que o universo continue isotrópico e uniforme. A outra coisa notável é que, nesse modelo, todos os observadores verão um universo em expansão e todos verão a mesma Lei de Hubble, se fizerem suas observações ao mesmo tempo. Essa é a verdadeira importância da Lei de Hubble — ela nos diz que o universo como um todo expande-se uniformemente. Observem que todos pensam estar no centro do universo e que, se voltarmos a contraí-lo no tempo, todos terão estado lá no começo.

Uma das conseqüências imediatas disso é que o universo deve ter começado como algo muito compacto e muito quente, pois, como vimos na explosão de uma supernova, a matéria esfria ao se expandir. Isso significa que as primeiras fases do universo devem ter sido realmente quentíssimas e, por isso, chamamos esse modelo do universo de *Big Bang Quente*. Examinaremos mais detalhadamente essas fases quentes primitivas no último capítulo. Neste, restringimos nossa atenção ao problema da formação das galáxias no universo em expansão. Esqueceremos tudo acerca das fases iniciais extremamente quentes e consideraremos apenas o universo relativamente recente.

Ora, o projeto parece ser bem simples a partir deste ponto. Já esclarecemos que o universo se expande e é bastante homogêneo. O que o teórico faz neste momento é dizer: "Bem, suponhamos que eu parta de um universo completamente uniforme e em expansão. Agora me deixem incluir pequenas imperfeições em meu universo em expansão uniforme para ver se essas perturbações aumentam ou não à medida que ele se expande." Estamos começando com muito otimismo, pois vocês devem estar lembrados de que, no Capítulo 2, mostramos que a ação da gravidade numa nuvem estacionária, em escala suficientemente grande, é um ótimo meio de produzir um aumento exponencial da densidade dessa região. É quase certo que seja dessa maneira que as estrelas se formam, partindo do gás interestelar difuso. Seria de se esperar que o mesmo acontecesse no universo para dar início à formação das galáxias. Mas é aí que surge o grande problema — não acontece.

A razão pela qual essas pequenas perturbações não crescem exponencialmente é muito interessante. As pequenas oscilações realmente aumentam, só que com muita lentidão. Isso porque, tão logo a densidade de uma pequena região tenta aumentar sob a influência de sua própria gravidade, a maior parte do bom trabalho se desfaz, pois o universo como um todo se expande e reduz a densidade da região em geral. Como resultado, a perturbação sofre uma atração gravitacional decrescente e a densidade aumenta muito devagar. Podemos ilustrar esse problema recortando uma pequena região do universo e comprimindo-a até uma densidade ligeiramente superior à densidade cósmica. Em seguida, podemos calcular como a densidade dessa região aumenta em relação ao universo cosmológico em expansão, tratando a pequena região como um universo fechado e com densidade ligeiramente superior à de fundo. Resulta que esse modelo fornece uma descrição exata do aumento do contraste da densidade da região, que descrevemos abaixo.

Vejamos agora qual é o resultado exato. Vamos supor que tenhamos um conjunto de pontos que se expandem com o universo. A partir daí, podemos definir a expansão desse último em termos da separação relativa entre esses pontos. Se supusermos que eles são separados por 1 unidade no presente, eles terão sido separados por um número menor de unidades R no passado. Esse número R é realmente muito útil na cosmologia, sendo conhecido como *fator de escala* do universo. A maneira como ele se modifica com o tempo define a expansão do universo. Se o universo for suficientemente denso, verifica-se que os pequenos aumentos de densidade crescem como

$$\frac{\delta\rho}{\rho} \propto R$$

onde $\delta\rho$ é o aumento de densidade dividido pela densidade média ρ. Espero que vocês não se importem com esse pouquinho de matemática, pois se trata de um resultado belíssimo e de implicações muito profundas, como veremos dentro em pouco.

Mas por que isso constitui tamanho problema? O que poderíamos esperar é que as galáxias se formassem a partir de perturbações ao acaso no universo primitivo. Estas deveriam ter uma ocorrência estatística, como em nossa ilustração da disposição fortuita das radiofontes no céu, mas isso só funciona quando tais oscilações conseguem crescer exponencialmente, de modo a atingirem uma densidade finita num tempo finito. Isso é o que há de bom no crescimento exponencial. O crescimento linear, do tipo descrito pela fórmula acima, é simplesmente lento demais para produzir perturbações de tamanho finito a partir de perturbações infinitesimais no universo primitivo. Os teóricos têm empenhado grandes esforços para encontrar uma forma de contornar esse problema, mas nenhuma solução foi descoberta.

Há, entretanto, um problema ainda maior, que é o efeito que teriam essas perturbações crescentes na radiação cósmica de fundo. Se considerarmos nosso universo retrospectivamente, veremos que ele se torna cada vez mais quente e, se o comprimirmos até que o fator de escala — isto é, a distância entre as galáxias — seja apenas um milésimo do que é agora, a temperatura de toda a matéria e radiação dispersas no universo subirá para cerca de 4000 K. Lembramos que o hidrogênio é, de longe, o componente químico mais abundante no universo. A essa temperatura, todo o hidrogênio do universo decompõe-se nos prótons e elétrons que o constiuem, pelo rastro quente da radiação de alta energia da radiação de fundo, que agora brilha como uma estrela ligeiramente mais fria que o Sol. Essa decomposição do hidrogênio em suas partículas integrantes é conhecida como *ionização*, e esta tem conseqüências importantes para a interação entre a radiação e a matéria no universo. A conseqüência mais importante é que a matéria sob a forma de elétrons e prótons livres é o que se conhece como plasma, e tem propriedades elétricas muito diferentes das da matéria neutra fria. Em particular, a ligação entre a radiação e a matéria passa a ser realmente fortíssima. Os elétrons de carga negativa espalham muito eficazmente a radiação de fundo e, assim, podemos pensar na matéria e na radiação como estando, a essa altura, estreitamente ligadas ou pareadas por tais interações.

Agora vocês podem compreender o que vai acontecer. Podemos calcular que tamanho deve ter tido a perturbação fracional da densidade no passado para garantir que houvesse galáxias no presente. A título de exemplo, vamos dizer que tenhamos de produzir galáxias agora. Sabemos que o mínimo que temos de conseguir é que o contraste de densidade atual seja de aproximadamente 1. Ora, se comprimirmos a distância entre as galáxias por um fator de 1000, sabemos que essas perturbações deverão ter sido, no mínimo, de uma parte em mil da densidade cósmica, em virtude da lei do aumento das perturbações que mencionamos há pouco. É aí que a ionização do universo naquela época se torna importante, porque, nessa ocasião, a matéria estava acoplada à radiação e, portanto, havendo flutuações na distribuição da matéria, também esperaríamos observar perturbações similares na radiação. Os cálculos detalhados mostram que esperaríamos ver na radiação celeste, no mínimo, oscilações no nível de aproximadamente uma parte em mil, o que está em clara contradição com a extrema isotropia da radiação cósmica de fundo.

Esse talvez seja o problema mais difícil para a imagem mais simples de como devem ter se formado as galáxias no universo em expansão. Havendo apenas matéria comum no universo, é muito difícil evitar a conclusão de que já deveríamos ter visto vestígios da formação das galáxias e de estruturas de maior escala na radiação cósmica de fundo. Isso nos leva, portanto, a toda uma nova área de estudos que busca saber se toda a matéria do universo realmente tem ou não a forma da matéria comum.

Uma das coisas mais embaraçosas da astronomia e da cosmologia é que, na verdade, não sabemos ao certo qual a forma assumida pela maior parte da massa do universo. É realmente muito embaraçoso ter de admitir isso e fazê-lo somente na metade do quarto capítulo deste livro. Eis como isso se dá. Podemos medir a massa das galáxias e dos aglomerados de galáxias usando, essencialmente, o mesmo procedimento que adotamos ao medir a massa do buraco negro situado no centro da NGC4151 (Capítulo 3). Compensamos a força centrífuga que atua sobre a matéria com a força gravitacional devida ao sistema como um todo e, assim, chegamos à massa do sistema inteiro. Ao efetuarmos esse tipo de cálculo em relação às galáxias espirais gigantes (Figura 63), constatamos que a luz da galáxia decresce muito rapidamente à medida que a atravessamos, mas a quantidade de massa diminui com muito mais lentidão. Isso significa que deve haver uma grande porção de massa, nas regiões exteriores às galáxias, que emite muito pouca luz. Essa chamada matéria escura também é encontrada nos aglomerados gigantescos de galáxias, como o aglomerado de Pavo, que mostramos no Capítulo 1 (Figura 12). Medindo a velocidade de muitas das galáxias do aglomerado, podemos estimar sua massa total, que revela ultrapassar, por um fator de cerca de 10 a 20, o que teríamos conjecturado a partir da simples luz das galáxias do aglomerado. Parece possível haver muita matéria escura no universo em escalas ainda maiores, pois as estimativas dinâmicas da quantidade de massa presente fornecem mais indícios de que deve existir muito mais matéria do que nos é possível explicar pela simples luz estelar das galáxias. Esse é o famoso problema da *Matéria Escura*. As questões fundamentais são: quanta matéria escura existe no universo e que tipo de matéria é essa?

Sob muitos aspectos, a primeira pergunta é mais fácil. A densidade total da massa do universo é uma questão fundamental para toda a cosmologia. Vamos mostrar, no último capítulo, que essa densidade determina se o universo se expandirá para sempre ou se voltará a se contrair numa Grande Compressão. Existe uma densidade crítica que apenas separa o comportamento dos modelos de expansão permanente do daqueles que recaem numa Grande Compressão, e essa densidade é a que chamamos *densidade crítica* do universo. Vamos chamá-la de ρ_{crit}. Para nossos objetivos atuais, a questão é saber quanta matéria escura existe em relação à densidade de massa da matéria visível e quais são essas densidades em relação à densidade crítica. Estes figuram entre os problemas mais importantes e difíceis da moderna cosmologia observacional. A quantidade de matéria presente nas imagens visíveis das galáxias corresponde apenas a cerca de 1 a 2% da densidade crítica. Em outras palavras, confiamos em que essa forma de matéria não poderá "fechar" ou deter a expansão do universo. A maioria das estimativas da quantidade de matéria escura em relação à matéria visível sugere que haja aproximadamente dez vezes mais massa na matéria escura. Se esse resultado for universalmente aplicável, poderíamos explicar cerca de 10

63. Perfil da galáxia espiral gigante NGC5084, que sabemos conter aproximadamente dez vezes mais matéria escura do que matéria visível.

a 20% da densidade crítica. O que não sabemos é se, ao passarmos para escalas maiores, a densidade se igualará ou não à densidade crítica. Certamente não há razão alguma por que nosso universo não possa ter a densidade crítica, embora seja igualmente possível que ele tenha uma densidade relativamente baixa. Nenhuma dessas duas afirmações estaria em contradição com qualquer coisa que saibamos sobre o universo. Voltaremos a esse ponto no último capítulo.

Pois bem, que poderia ser a matéria escura? Eis uma rápida lista de algumas de suas formas possíveis:

- Planetas interestelares
- Anãs marrons
- Estrelas de massa muito pequena
- Neutrinos massivos
- Partículas desconhecidas de interação fraca
- Pequenos buracos negros
- Grandes buracos negros
- Buracos negros supermassivos
- Naves espaciais abandonadas
- Tijolos de construção
- Jornais velhos

Partimos de coisas astrofisicamente muito respeitáveis, como estrelas de massa muito pequena (ou anãs marrons), buracos negros e buracos negros supermassivos, e depois passamos para alguns dos tipos exóticos de partículas discutidos pelos físicos das partículas e, a seguir, para coisas realmente extravagantes, como naves espaciais, tijolos, exemplares de jornais velhos e assim por diante. Ora, alguns dos itens dessa lista podem parecer bastante tolos, mas são incluídos para deixar claro um aspecto importante. A matéria escura poderia existir em qualquer dessas formas sem que pudéssemos invalidar essa hipótese — até mesmo exemplares de jornais velhos poderiam compor a matéria escura que sabemos estar presente no universo. Só sabemos haver formas de matéria no universo quando elas emitem uma radiação que podemos detectar, ou quando absorvem a radiação de objetos cósmicos. Podemos imaginar uma porção de tipos de objetos no universo que seriam muito escuros, e a questão é saber se eles dão ou não uma contribuição significativa para a densidade do universo. No modelo de universo do Big Bang Quente, podemos excluir algumas dessas possibilidades por meio de argumentos astrofísicos, de modo que duvido que tenha havido algum repórter presente no Big Bang, mas, com os repórteres, nunca se sabe! Vocês hão de notar que há algumas formas extraordinárias de matéria nessa lista. Algumas dessas formas de matéria escura devem ter algum nível de importância no universo — por exemplo, anãs marrons, rochas e buracos negros devem existir em algum tipo de densidade populacional no universo, mas no momento não temos meios de saber se poderiam contribuir com tanta massa quanto a necessária, por exemplo, para ligar os aglomerados gigantescos de galáxias. O que tem despertado grande interesse entre os teóricos da física das partículas é a possibilidade de que a matéria escura consista em partículas exóticas, que seriam dificílimas de detectar através das atuais experiências com aceleradores. Teremos muito mais a dizer sobre essas idéias no último capítulo.

O que queremos fazer neste capítulo é examinar o impacto da matéria escura na formação das galáxias. Em especial, queremos considerar algumas das formas mais exóticas de matéria escura, pois é bem possível que elas se revelem muito importantes na resolução dos problemas de formação das galáxias anteriormente identificados — especificamente, a necessidade de reduzir as oscilações da radiação cósmica de fundo a um nível aceitável. Suponhamos que exista no universo uma grande quantidade de matéria escura exótica que, nos dias atuais, só interaja com a matéria através de sua influência gravitacional, e não de outras forças, como a eletromagnética ou as forças fracas e fortes da física das partículas. Esses tipos de partículas são previstos pelas atuais teorias das partículas elementares. Suponhamos também que a matéria escura seja dinamicamente predominante, no sentido de conter muito mais massa do que há na matéria comum.

A chave para entender o que acontece está em lembrar que, quando o fator de escala do universo é inferior a aproximadamente 1/1000, a matéria comum é muito intensamente acoplada à radiação, o que lhe torna muito difícil entrar em colapso, formando galáxias e aglomerados de galáxias, antes do desacoplamento entre a matéria e a radiação. Entretanto, a matéria escura não interage em absoluto com a radiação nessas épocas. Portanto, as perturbações da matéria escura podem aumentar perfeitamente à vontade, segundo as relações que deduzimos anteriormente, enquanto a matéria comum é impedida de entrar em colapso por sua intensa interação com a radiação, antes da era em que o hidrogênio é recombinado. Assim, podemos imaginar que as perturbações da matéria escura se tenham desenvolvido até atingir amplitudes muito finitas, mas não temos nenhum conhecimento disso, pois tais amplitudes não estão ligadas à matéria comum. Quando o hidrogênio se recombina, a matéria comum torna-se subitamente neutra e já não fica ligada à radiação. A matéria comum fica livre para cair na perturbação já existente na matéria escura, e podemos demonstrar que as perturbações da matéria comum atingem muito rapidamente a mesma amplitude das da matéria escura. O que há de atraente nessa imagem é que, na época em que as oscilações de temperatura se imprimem na radiação cósmica de fundo, as oscilações da matéria comum ainda são muito menores do que as da matéria escura — em particular, são muito menores do que as perturbações do modelo simples que descrevemos anteriormente. Esse é um panorama simples de como é possível obter oscilações pequeníssimas na matéria acoplada à radiação de fundo, enquanto as oscilações da matéria escura são, ao mesmo tempo, suficientemente grandes para garantir que se formem as galáxias.

Esse é, atualmente, o modelo mais aceito da origem da estrutura de larga escala do universo, mas está longe de ser isento de problemas. A Figura 64 mostra algumas simulações de como esperamos que se tenham formado as galáxias e as estruturas de escala maior, em duas versões diferentes das teorias da matéria escura sobre a origem da estrutura do universo. Num dos exemplos, considera-se a hipótese da *Matéria Escura Fria*, com a qual nos referimos a partículas de matéria escura muito massivas e desligadas da matéria comum num estágio muito primitivo do universo. Uma das possibilidades sumamente intrigantes é que a Matéria Escura Fria exista sob a forma de alguma das notáveis partículas propostas pelas teorias mais recentes das partículas elementares — por exemplo, nas teorias supersimétricas, toda partícula teria uma parceira supersimétrica, e estas teriam uma interação muito fraca com a matéria comum. Nesse cenário, as estruturas de pequena escala teriam sobrevivido até a época em que o plasma universal se combinou e as galáxias se formaram por um processo de aglomeração hierárquica sob o efeito da gravidade. Uma versão alternativa é a teoria da *Matéria Escura Quente*, cuja forma mais simples consiste em supor que os neutrinos de elétrons tenham uma massa de repouso finita de aproximadamente 10 eV. Essa é uma massa singularmente interessante, pois os neutrinos de elétrons estariam em equilíbrio com a matéria ao saírem do Big Bang Quente e, se tivessem essa massa de repouso, haveria massa suficiente para fechar o universo. Esse quadro é bem diferente do da Matéria Escura Fria, pois o que se revela é que todas as estruturas de pequena escala teriam desaparecido muito antes da época da recombinação. Assim, nessa imagem, as estruturas de maior escala se formariam primeiro e, em seguida, as galáxias se constituiriam pela fragmentação e condensação das estruturas de larga escala. O notável é que os dois modelos mais simples da matéria escura resultam em imagens completamente diferentes de como se formaram as galáxias. Na imagem da Matéria Escura Fria, as galáxias ter-se-iam formado a partir de elementos componentes menores; na imagem da Matéria Escura Quente, ter-se-iam formado pela fragmentação de estruturas de maior escala.

Esses modelos foram objeto de detalhadas simulações em computador e os resultados típicos da modelagem são apresentados na Figura 64. Vocês hão de notar que eles explicam com muito sucesso o fato de hoje observarmos estruturas de larga escala. Entretanto, segundo os especialistas, há problemas nos dois modelos. No caso do modelo da Matéria Escura Fria, é muito difícil explicar os enormes vazios, paredes e estruturas filamentosas observados no levantamento de Harvard-CfA (Figura 14). Isso é compreensível do ponto de vista físico, pois o processo básico de formação das estruturas é a aglomeração hierárquica, que tende a eliminar as

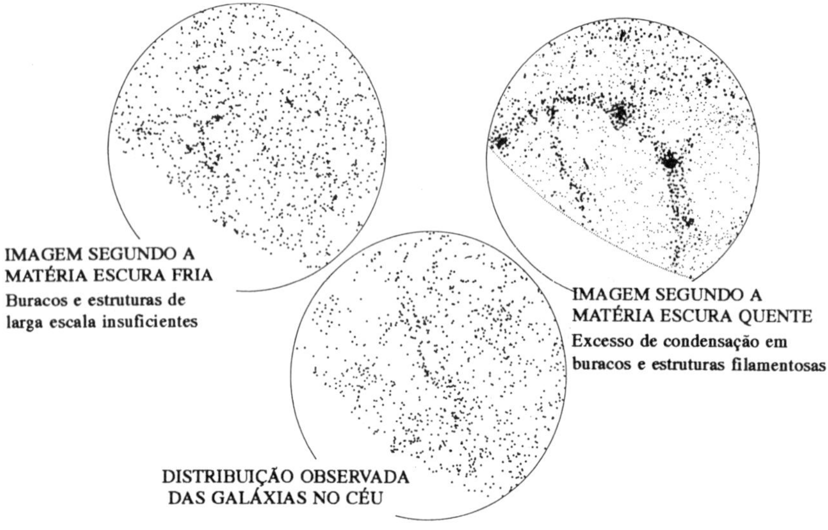

64. Simulações recentes, feitas na Universidade de Durham por Carlos Frenk, das expectativas dos modelos da origem da estrutura de larga escala do Universo, segundo (a) a Matéria Escura Fria e (b) a Matéria Escura Quente, comparadas com as observações (c). O modelo simples da Matéria Escura Fria não produz estrutura suficiente de larga escala sob a forma de vazios e filamentos de galáxias, enquanto o modelo simples da Matéria Escura Quente produz um excesso de estrutura.

estruturas filamentosas. Por outro lado, os especialistas afirmam que o modelo da Matéria Escura Quente produz um excesso de estrutura — isso porque a matéria esfria ao desabar nos gigantescos poços gravitacionais em potencial criados pela matéria escura e todas as galáxias se formam em camadas muito finas. É óbvio que alguma coisa não está muito certa nos modelos existentes.

Um dos mais importantes resultados recentes das experiências do experimento do acelerador LEP (Large electron-positron acelerator — grande acelerador de elétrons-pósitrons), no CERN, é que podemos delimitar algumas das formas possíveis da matéria escura. Por exemplo, os recentes resultados sobre a determinação do número de espécies de neutrinos são do máximo interesse, pois nos dizem haver apenas três formas de neutrinos. Se os bósons W e Z conseguissem decompor-se em qualquer dessas partículas exóticas, sua presença já teria sido detectada no experimento do LEP, caso eles tivessem massas de até aproximadamente 30 GeV. Isso pode transformar-se numa história muito técnica, mas o importante a recordar é que existe agora uma relação muito estreita entre a física de como as galáxias podem ter-se formado e a física das partículas elementares.

Há ainda um grande problema, contudo. Embora a matéria escura ajude, ela não resolve o problema fundamental de termos de introduzir o espectro correto das perturbações do começo, se é que pretendemos entender as galáxias, os aglomerados de galáxias e as estruturas de maior escala. Não conseguimos eliminar o problema de ter de introduzir o que chamamos de espectro inicial de perturbação com perturbações de amplitude finita no começo do modelo. Isso é muito inquietante, pois significa que só extrairemos de nosso modelo o que introduzirmos no começo. Isso não tem o tipo de valor explicativo que se buscaria numa boa teoria da formação das galáxias. É apenas o primeiro de vários aspectos que, de acordo com a teoria clássica, têm de ser incorporados a nossa imagem do universo primitivo para criarmos o universo tal como o conhecemos agora. Encontraremos três outros problemas desse tipo no Capítulo 5.

O que precisamos é de provas observacionais mais diretas sobre como surgiram as galáxias e as estruturas de larga escala do universo. Ainda não podemos realizar esses estudos quanto às galáxias comuns, mas já estamos aptos a estudar algumas classes de objetos luminosos remontando a épocas em que o universo era comprimido por um fator de 5 a 6 em comparação com suas dimensões atuais, isto é, $R \approx 0{,}2$. Isso não chega a ser tão espetacular quanto o fator 1000 que nos faz remontar à época da recombinação, mas corresponde a voltarmos os olhos para quando o universo tinha cerca de 1/5 a 1/10 de sua idade atual.

Que é que vemos? Os trabalhos mais extensos foram realizados com galáxias muito ativas, especialmente os quasares. Vocês devem estar lembrados de que esses são os objetos mais luminosos do universo e, portanto, podem ser observados a distâncias muito maiores do que as galáxias comuns. Quando estudamos um número muito grande de quasares distantes, verificamos que eles eram muito mais ativos no passado do que são atualmente. Ao calcularmos a probabilidade de encontrar quasares potentes à medida que o universo envelhece, verificamos que, quando ele tinha aproximadamente 1/4 da idade atual, havia muito mais atividade nos quasares do que existe hoje. O que isso significa é que o processo de formação das galáxias deve ter sido de tal ordem que elas tiveram tempo de desenvolver buracos negros muito massivos em seus núcleos na época em que o universo tinha apenas cerca de 1/4 de sua idade atual. Essa é uma limitação poderosa à formação e evolução das galáxias no universo. O único problema da utilização dos quasares nesses estudos é que a compreensão de sua astrofísica é muito mais precária do que a das estrelas e galáxias.

Outra descoberta muito instigante dos últimos tempos foi a de podermos observar algumas categorias de galáxias que exibem os tipos de efeitos evolutivos que esperamos terem sido importantes quando elas se estabilizaram em suas formas atuais. Quando olhamos para outras categorias de galáxias ativas, as radiogaláxias, elas parecem ter populações estelares muito mais jovens do que as galáxias vizinhas e, além disso, contam com a associação de enormes nuvens de gás. Uma questão intrigante está em saber qual é o status evolutivo dessas nuvens. Serão elas pedaços da galáxia em formação ou simplesmente nuvens de gás nas imediações da galáxia, excitadas pela atividade que ocorre no núcleo ativo? Não sabemos a resposta a essas perguntas, nem tampouco entendemos realmente o lugar dos sistemas dessa natureza no esquema da evolução galáctica. O interessante, do ponto de vista do futuro da astronomia, é podermos agora observar galáxias e galáxias ativas quando o universo tinha até aproximadamente 1/10 de sua idade atual. Isso significa que podemos começar a colocar todo o tema da origem e evolução das galáxias, de seus ambientes e da estrutura de larga escala do universo em condições de observação real, em vez de isso ser simplesmente um campo de especulação teórica. Por isso é que instrumentos como o telescópio espacial Hubble e a próxima geração de enormes telescópios baseados em terra são tão importantes para a astronomia. Encontramo-nos agora no estágio de poder apenas ver os objetos mais luminosos tal como se apresentavam quando o universo era muito jovem. Mas esses são objetos exóticos e atípicos no universo. O que precisamos ser capazes de fazer é realizar o mesmo tipo de estudos, mas em relação aos elementos comuns do universo.

Esses estudos têm implicações muito profundas para a cosmologia, pois o número de dados reais de que dispomos sobre o universo é muito limitado. Quanto mais pudermos determinar, através da observação direta, como as galáxias e a estrutura de larga escala evoluíram até seu estado atual, mais segura será nossa compreensão da evolução das galáxias e da estrutura de larga escala do universo.

Talvez chegue o momento em que possamos deduzir, pela observação direta, como foi que surgiram as galáxias e a estrutura de larga escala do universo. É possível que, por muitos anos ainda, essa não seja uma proposta viável, mas ao menos sabemos exatamente o que gostaríamos de fazer no plano da observação.

5

A ORIGEM DO UNIVERSO

Finalmente, temos de enfrentar a maior questão do conjunto — a origem do próprio universo. No capítulo anterior, descobrimos que há aspectos do universo que devem ter origem em suas fases mais primitivas. Neste capítulo, vamos examinar outros desses problemas, novamente dentro do contexto do modelo do Big Bang Quente. No último capítulo, descrevemos os problemas da criação das galáxias e fiz apenas um esboço do pano de fundo desse processo. Quero contar essa história bem melhor, e agora descobriremos três outros grandes problemas, além do da criaçao das galáxias, que devem ter origem no universo mais primitivo.

Descrevemos rapidamente a dinâmica do universo, mas vamos agora elaborar um quadro melhor, pois há muitos aspectos novos que temos de incorporar a essa história. Esclarecemos que a maneira correta de dar início à construção de modelos do universo consiste em considerar modelos que sejam isotrópicos e em expansão uniforme. Qual é a dinâmica desses tipos de universo? O fato de eles serem homogêneos e isotrópicos torna todos os cálculos muito fáceis — vocês podem pensar na dinâmica como uma competição entre a expansão, que dispersa toda a matéria no universo, e a força gravitacional, que tenta impedir que isso aconteça, ou seja, tenta contrair novamente toda a matéria.

Resulta que podemos produzir um modelo da dinâmica do universo exatamente como se perguntássemos: "Qual é a força de desaceleração que atua numa galáxia situada no limite de uma esfera em expansão cuja densidade é igual à densidade média do universo?" Tal modelo aparece na Figura 65. Na verdade, trata-se de um cálculo muito simples, que funciona porque qualquer observador do universo efetuaria um cálculo idêntico. Lembrem-se de que todo observador

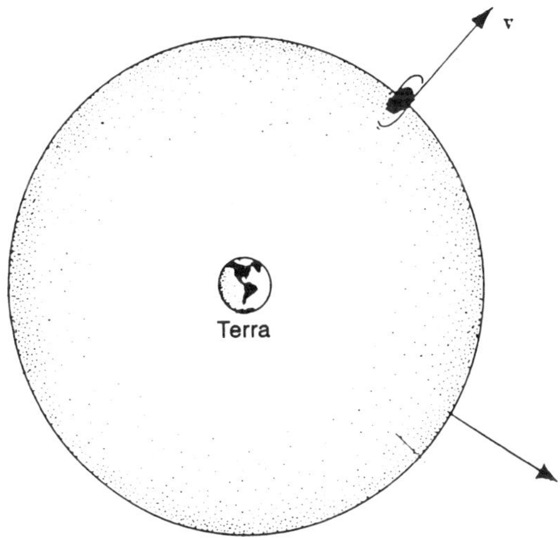

65. Modelo simples para elaborar a dinâmica de um universo em expansão.

olha o universo como algo que se expande esférica e simetricamente a seu redor, já que só lidamos com universos de expansão uniforme (ver Figura 62). Esse cálculo resulta exatamente na dinâmica decorrente da teoria completa do universo em expansão, segundo a teoria da relatividade geral de Einstein. A razão disso é muito interessante e consiste em que, nos modelos isotrópicos simples do universo, a física local é idêntica à física global — em outras palavras, as propriedades de cada trecho do universo também devem conter informações sobre sua estrutura global.

A dinâmica dos modelos padronizados do universo depende inteiramente da densidade local da matéria. Se o universo tiver uma densidade elevada, a desaceleração gravitacional que atua sobre cada partícula de matéria poderá ser suficientemente grande para deter a expansão e o universo voltará a se contrair numa fase densa e quente — a Grande Compressão. Se o universo tiver baixa densidade, talvez haja nele massa insuficiente para impedi-lo de se expandir infinitamente. Nesse segundo caso, o universo acabaria tendo um tamanho infinito e continuaria a se expandir numa velocidade finita ao chegar ao infinito. Entre esses dois tipos extremos de comportamento, existe o que se conhece como *modelo crítico*. Trata-se do modelo que

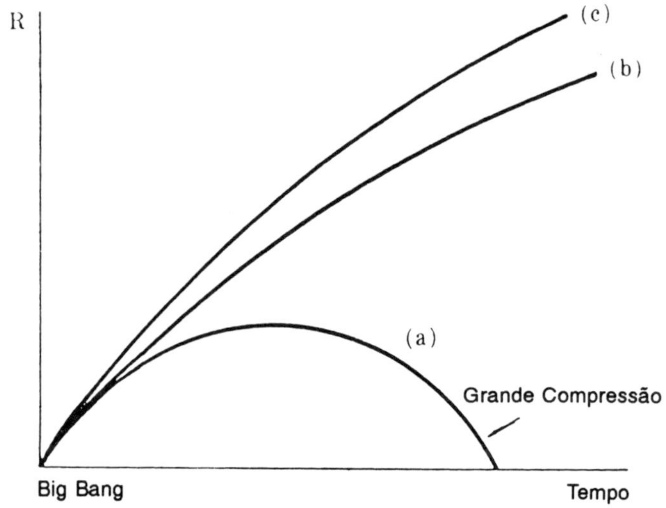

66. Comparação da dinâmica dos diferentes modelos do universo em expansão. (a) Modelo de alta densidade, que acaba se contraindo numa Grande Compressão. (b) Modelo crítico, cuja densidade é ρ_{crit}. (c) Modelo de baixa densidade, em que o universo se expande até o infinito e tem uma velocidade finita ao chegar lá.

apenas se expande até o infinito e se detém ali. Em outras palavras, a velocidade de expansão do universo vai a zero quando ele atinge uma extensão infinita. A densidade crítica é um conceito importantíssimo na cosmologia e, com ela, depararemos-nos repetidas vezes. Como no Capítulo 4, vamos denominá-la ρ_{crit}. A dinâmica desses modelos do Universo é ilustrada na Figura 66, onde descrevemos a sua expansão em termos do *fator de escala R*, que simplesmente descreve a maneira como a relativa separação de dois pontos quaisquer do universo em expansão se modifica com o tempo.

Existe uma analogia exata com o conceito de velocidade de escape, ilustrado na Figura 67. Uma nave espacial somente escapa da ação da gravidade da Terra se possui uma velocidade suficiente na decolagem. Se a velocidade da nave excede a velocidade de escape, a nave escapa para o infinito. Se possui uma velocidade menor do que a de escape, não escapa da Terra e cai novamente. Entre estes dois extremos, a nave tem exatamente a velocidade de escape, e por isso mesmo escapa atingindo o infinito, e não mais.

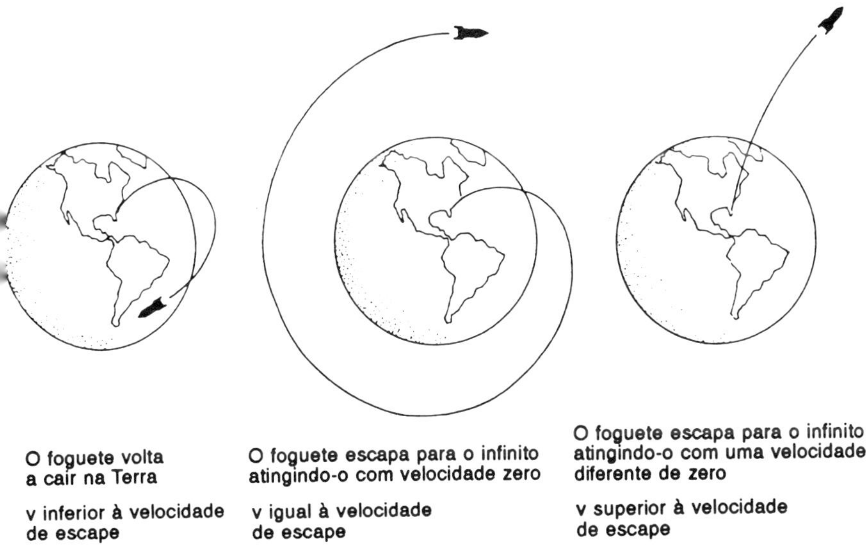

67. Ilustração do conceito de velocidade de escape de um foguete espacial partindo da superfície da Terra.

Esses três tipos de comportamento correspondem exatamente à dinâmica do Universo, que possui densidade menor, maior ou igual à densidade crítica. Nesses modelos simples, a desaceleração é inteiramente determinada pela densidade média de massa do universo.

Há outro aspecto interessante e importante nesses modelos, que é a existência de uma relação muito estreita entre a geometria do universo e sua densidade média. Esse é um aspecto dos modelos do universo que não podemos extrair da teoria newtoniana, mas que está incorporado à teoria relativística da gravidade de Einstein, a teoria geral. O que a teoria de Einstein nos diz é que a matéria recurva a geometria do espaço-tempo, de modo que é altamente improvável que a geometria global do espaço seja plana. Entretanto, há uma relação esplendidamente simples entre a geometria global dos universos uniformes e isotrópicos e suas densidades. Quando a densidade do universo ultrapassa a densidade crítica, a geometria espacial é esférica. Quando o universo tem baixa densidade, a geometria do espaço é hiperbólica e somente no caso do modelo crítico é que a geometria é euclidiana. Não precisamos preocuparnos muito com isso em termos locais, pois o raio de curvatura do espaço é aproximadamente do tamanho do universo, de modo que os ângulos de um triângulo somam precisamente 180° numa folha de papel milimetrado. Contudo, se nossa folha de papel milimetrado se estendesse até o que chamamos, no Capítulo 1, "limite do universo", os ângulos de um triângulo com lados dessa dimensão talvez já não equivalessem a 180° — na verdade, em geral não o fariam. Precisaremos desse conceito da relação entre a geometria e a densidade da massa do universo mais adiante, num ponto crucial da discussão sobre o universo primitivo.

Há outra coisa notável nessa história, que é a relação entre a dinâmica do universo e sua densidade de massa. Nossa imagem simples mostra-nos que o índice de desaceleração do universo é determinado pela densidade média da matéria. Assim, podemos tentar fazer duas coisas. Primeiro, podemos tentar medir o índice de desaceleração do universo; segundo, podemos medir quanta massa existe nele e verificar até onde os dois se equiparam — em outras palavras, será possível atribuirmos a desaceleração observável do universo à massa que sabemos existir nele? Se pudermos demonstrar que a desaceleração do universo é inteiramente causada pela quantidade de massa existente, essa será uma incrível validação da teoria da relatividade geral de Einstein nas mais largas escalas que podemos estudar no universo.

Podemos quantificar esse problema da seguinte maneira: em primeiro lugar, definimos um *parâmetro de densidade*, que é a simples proporção entre a densidade real do universo, ρ, e seu valor crítico, ρ_{crit}. Chamamos essa proporção de $\Omega = \rho/\rho_{crit}$. Também podemos definir a desaceleração do universo, que é convencionalmente medida por algo chamado *parâmetro de desaceleração*, abreviado por q_0. Não vamos entrar nos detalhes de como o parâmetro de desaceleração é definido, mas verifica-se que ele deve ser igual a exatamente metade do parâmetro de densidade, de acordo com os modelos-padrão que deduzimos anteriormente. Portanto, a densidade crítica em que $\Omega = 1$ corresponde a um valor do parâmetro de desaceleração de $q_0 = {}^1/_2$.

Vocês devem estar lembrados de que discutimos rapidamente o parâmetro de densidade no último capítulo, e tudo de que realmente dispomos são os limites inferiores de seu valor. Se considerarmos a matéria visível nas galáxias, encontraremos um valor de $\Omega_{gal} = 0{,}02$, aproximadamente. Se incluirmos a matéria escura, que sabemos que deve existir nos sistemas de larga escala, o valor de Ω aumentará segundo um fator de cerca de 10, chegando a $\Omega = 0{,}2$. Há alguns indícios de que o valor poderia ser superior a esse nas escalas muito largas, mas não se tem certeza disso. O que podemos afirmar com alguma confiança é que o universo está, provavelmente, a um fator de mais ou menos 10 de sua densidade crítica. As medidas do parâmetro de desaceleração q_0 também são muito difíceis, pois dependem essencialmente da possibilidade de medirmos a alteração da velocidade de expansão do universo entre os dias atuais e a época em que ele era expressivamente mais jovem do que agora. Há diversos testes clássicos mediante os quais é possível tentar fazer essa mensuração, mas a incerteza dessas estimativas ainda é muito grande. Tudo o que realmente podemos afirmar com certo grau de confiança é que, provavelmente, o parâmetro de desaceleração q_0 se situa em algum ponto da faixa de 0 a 1. Assim, a faixa provável dos valores do parâmetro de desaceleração abrange o valor crítico, $q_0 = 1/2$, e os modelos de baixa densidade, $q_0 \sim 0$. O que isso significa é que, num fator de aproximadamente 10, os parâmetros de densidade e de desaceleração concordam com a teoria padrão, o que é muito animador. Quem for extremamente otimista poderá argumentar que, por deverem ser mais ou menos idênticos, é muito provável que, na verdade, eles sejam iguais — vocês terão de decidir por si quanto a essa afirmação. Creio que essa tese tem alguma substância, mas preferiria ter estimativas bem mais apuradas dos dois parâmetros.

Esse simples aspecto do universo, o de a densidade estar a um fator de cerca de 10 da densidade crítica, leva-nos ao primeiro dos grandes problemas. Segundo os modelos aceitos do universo, não há razão para que o parâmetro de densidade deva assumir qualquer valor específico. Se os universos fossem criados ao acaso, não haveria razão para que o parâmetro de densidade devesse ser próximo do valor crítico. Vocês podem imaginá-lo muitos bilhões de vezes superior ou inferior ao valor crítico sem que isso contradiga qualquer aspecto da física elementar. Nada há na física dos modelos que nos diga qual ele deve ser. O problema surge porque, se o valor do parâmetro de densidade se desviasse do valor crítico, ainda que muito ligeiramente, no universo muito primitivo, podemos demonstrar que, na atualidade, ele se desviaria do valor crítico por um fator imenso.

A maneira mais simples de ilustrar esse problema é tornar a olhar para nossos foguetes espaciais tentando escapar da Terra. Vamos

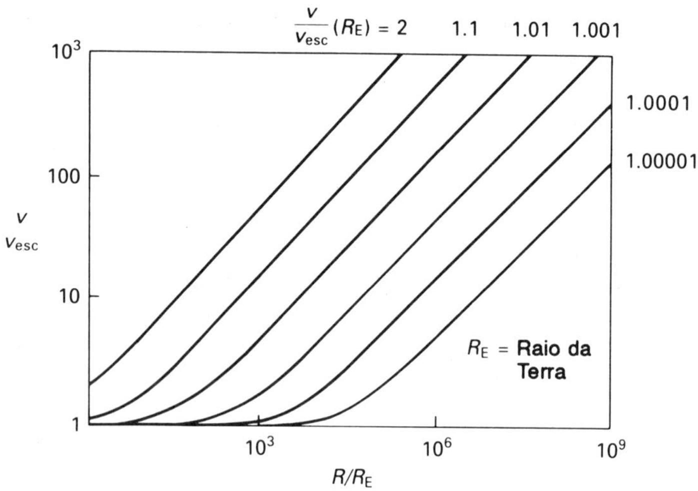

68. Ilustração de como a proporção entre a velocidade de um foguete espacial e a velocidade de escape local se modifica à medida que o foguete se afasta da Terra. As curvas diferentes mostram a mudança da proporção para diferentes valores assumidos da velocidade de escape inicial. Observem que, mesmo que o foguete parta com uma velocidade muito próxima da velocidade de escape, a proporção diverge a distâncias suficientemente grandes.

supor que o foguete parta com uma velocidade pouco maior do que a velocidade de escape. À medida que ele se afasta mais e mais da Terra, a velocidade de escape, nesse ponto, é menor que a da superfície terrestre, por ele estar mais longe da Terra. Entretanto, a proporção entre a velocidade do foguete e a velocidade de escape local aumenta progressivamente ao nos afastarmos ainda mais da Terra. Podemos examinar a proporção dessas velocidades enquanto o foguete se distancia da Terra, e vocês podem constatar que a divergência é imensa (Figura 68). Daí se deduz que, se estivermos muito longe da Terra e verificarmos que o foguete tem mais ou menos a velocidade de escape nesse ponto, ele deverá ter partido quase exatamente com a velocidade de escape, com uma precisão realmente fantástica.

O universo tem exatamente o mesmo problema — a menos que tivesse sido acionado com mais ou menos exatamente sua própria velocidade de escape no começo, ele não teria nenhuma possibilidade de terminar, hoje, com uma velocidade de expansão próxima de sua velocidade de escape. Vocês podem ver o que isso significa: o universo deve ter-se construído, no começo, quase exatamente com a densidade crítica, com uma precisão realmente surpreendente, para terminar a um fator 10 da densidade crítica nos dias atuais. Esse é o chamado problema da sintonia fina do universo. Apesar do fato de não haver nenhuma razão evidente para que nosso universo tenha a densidade crítica, ele deve ter-se instaurado dessa maneira, no começo, com muita precisão. Os teóricos argumentam vigorosamente que, em virtude do problema da sintonia fina, o parâmetro de densidade deve ser 1 atualmente, e isso constitui um problema, pois estamos a um fator de cerca de 5 ou 10 aquém desse valor, se incluirmos as formas conhecidas de matéria escura.

Parte desse problema provém do fato de haver apenas um universo que podemos estudar e de ele ser aquele em que vivemos. Não podemos sair e examinar outros universos, para ver se fizeram ou não a mesma coisa. Assim, não podemos excluir a possibilidade de que nosso universo tenha essas propriedades por mero acaso. Há uma intrigante linha de raciocínio que afirma haver apenas certos tipos de universo em que a vida, tal como a conhecemos, poderia ter-se formado. Por exemplo, é preciso ter havido tempo suficiente para a formação de sistemas biológicos, as estrelas precisam ter vivido o bastante para que a vida se formasse, e assim por diante. Essa é a abordagem chamada de *princípio antrópico*, e ela afirma, em sua formulação mais simples, que o universo é como é porque estamos aqui para observá-lo! Não irei adiante nessa linha de raciocínio porque, pessoalmente, eu só adotaria essa abordagem como derradeiro recurso, caso falhassem todas as outras abordagens para compreender as propriedades atuais do universo. Creio que ainda estamos longe dessa situação.

Até aqui, falamos apenas da matéria. E a radiação? Já mencionamos a fantástica isotropia da radiação cósmica de fundo (Capítulo 4). Isso significa que essa radiação preenche a totalidade do espaço de modo muito homogêneo. O satélite Explorador da Radiação Cósmica de Fundo (COBE) mediu não apenas a isotropia dessa radiação, mas também seu espectro, e apresentamos essas belas medidas na Figura 25. Os quadradinhos mostram as observações, e a linha através dos pontos é uma linha teórica que mostra o que se espera se a radiação tiver o que se conhece como *espectro de um corpo negro*. Vocês podem ver que o espectro exibido é o espectro quase perfeito de um corpo negro, certamente o mais perfeito de que tenho conhecimento em qualquer parte da natureza.

Pois bem, qual é a importância dessa observação? Qualquer corpo em determinada temperatura emite radiação simplesmente por estar nessa temperatura. Se vocês deixarem qualquer objeto, por um período muito longo, num recinto fechado a uma temperatura idêntica à dele, a radiação e a matéria no recinto acabarão chegando ao que chamamos equilíbrio termodinâmico, no qual toda emissão é exatamente compensada por uma absorção correspondente. O espectro da radiação dentro do recinto tem, nesse caso, uma forma única, que é determinada apenas pela temperatura do corpo — é o espectro da radiação de um corpo negro. O fato de a radiação cósmica de fundo ter o espectro tão perfeito de um corpo negro diz-nos que, em alguma etapa, toda a radiação e toda a matéria do universo estiveram em equilíbrio termodinâmico.

Há outro belo resultado proveniente da teoria do universo em expansão e consiste em que, quando o espectro de um corpo negro se expande com o universo, a radiação preserva seu espectro de corpo negro, mas a temperatura da radiação decresce. E mais, a maneira como a temperatura diminui é realmente muito simples. É apenas inversamente proporcional ao fator de escala *R*. Ora, a temperatura da radiação cósmica de fundo, tal como medida pelo COBE, é de 2,736 K. Logo, se, a bem da simplicidade, considerarmos que a radiação cósmica de fundo tem uma temperatura de 2,75 K na atualidade, ao comprimirmos o universo por um fator 2, a temperatura da radiação deverá ter sido maior por esse mesmo fator, ou seja, terá sido de 5,5 K. Ao comprimirmos retrospectivamente o universo no tempo, o fator de escala *R* torna-se realmente muito pequeno e, conseqüentemente, a temperatura da radiação se torna muitíssimo elevada.

Agora compreendemos por que o universo se tornou tão quente no passado e, em particular, por que a temperatura da radiação atingia cerca de 4000 K quando o universo era comprimido por um fator de 1500. Vocês hão de lembrar que dissemos que, aproximadamente nessa época, todo o hidrogênio do universo se decompôs nos prótons e elétrons que o constituem, e que isso proporcionou uma ligação muito forte entre a matéria e a radiação. Em épocas anteriores, a temperatura era mais elevada e o acoplamento entre matéria e radiação era ainda mais forte, de modo que, já bem cedo, matéria e radiação mantinham-se exatamente na mesma temperatura. Portanto, no universo primitivo, a matéria e a radiação estavam mais ou menos em equilíbrio termodinâmico, e é por isso que a radiação tem o espectro tão perfeito de um corpo negro.

Uma característica interessante desse modelo é que, no universo primitivo, a radiação tinha muito mais massa do que a matéria. O que pretendo dizer com isso é o seguinte: Einstein nos diz que $E = mc^2$, donde a energia E presente na radiação tem uma certa massa m. Verifica-se que, nas épocas em que o fator de escala era inferior a cerca de 1/10.000, a dinâmica do universo era mais determinada pela massa da radiação do que pela da matéria comum. Chamamos essas fases primitivas do universo de *eras dominadas pela radiação*.

Ao recuarmos ainda mais no tempo, o estágio crítico seguinte ocorre quando o Universo foi comprimido por um fator de aproximadamente 1.000.000.000. Vocês talvez digam: "Mas o universo não se torna fantasticamente denso ao ser comprimido por esse fator imenso?" Bem, a resposta talvez seja meio surpreendente, na medida em que é: "Não!" A razão é que a densidade média da matéria no universo é realmente baixíssima no presente. Na verdade, quando o universo é comprimido por um fator de 1.000.000.000, sua densidade média ainda continua a ser mais ou menos a do ar num aposento típico. Ora, acreditamos entender muito bem o comportamento da matéria nessas densidades, com a única diferença de que toda a matéria e a radiação acham-se agora a uma temperatura de cerca de 3.000.000.000 K. Essa é uma temperatura muito interessante, pois é tão alta que o espectro do corpo negro se desvia para as energias dos raios gama, e esses raios gama são tão energéticos que dissociam os núcleos dos átomos nas partículas elementares que os compõem. Em outras palavras, os núcleos de quaisquer elementos químicos que porventura existissem naquela época teriam sido quebrados em prótons e nêutrons pela radiação térmica. Em épocas ainda anteriores, já não existiriam quaisquer núcleos atômicos — o universo torna-se um mar de partículas elementares. As colisões entre essas partículas poderiam criar toda a profusão de partículas elementares quando a temperatura se tornasse suficientemente alta.

Que garantia temos nós de que isso realmente aconteceu? Até 25 anos atrás, essa era apenas uma especulação teórica, mas agora já foram feitos cálculos detalhados do que podemos esperar que sobrevivesse dessas fases muito iniciais com o resfriamento do universo. O que fazemos é desenvolver universos-modelos a partir de estados de densidade e temperatura muito elevadas, incluindo tudo o que há de melhor na física sobre as interações entre todas as partículas elementares que conhecemos. Os resultados de alguns desses cálculos clássicos, efetuados no Caltech por Robert Wagoner, William Fowler e Fred Hoyle, mostram como as abundâncias de várias partículas leves e núcleos evoluem no universo primitivo durante todo o período crítico em que o universo tinha apenas alguns minutos de idade (Figura 69). Trata-se de cálculos realmente extraordinários.

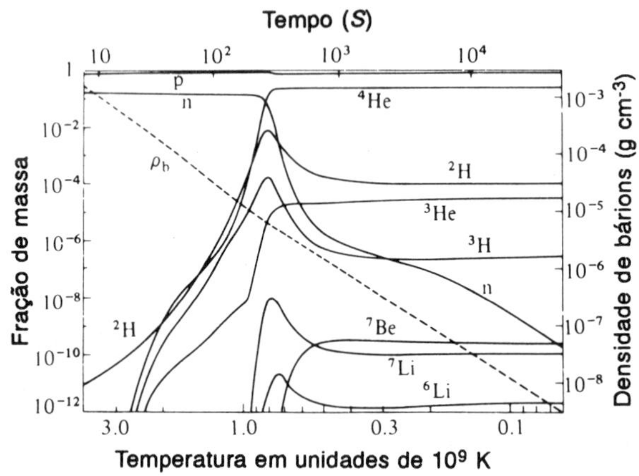

69. Diagrama mostrando a expectativa de modificação das abundâncias dos elementos químicos nos primeiros 30 minutos do Big Bang Quente. O intervalo de tempo desde o Big Bang aparece no topo do diagrama e a temperatura correspondente, na parte inferior. O diagrama mostra como se compõem as frações de massa dos diferentes elementos à medida que o universo se resfria.

Vamos entender o que acontece na Figura 69. No começo, temos apenas os componentes dos núcleos — os prótons e os nêutrons, bem como a radiação e outras partículas que sabemos que deveriam existir, pois o sistema se iniciou em equilíbrio térmico: coisas como neutrinos, múons e assim por diante. Com o resfriamento do universo, verificamos que os prótons e nêutrons começam a se combinar para formar o núcleo composto mais simples — o deutério (^2H), que contém um próton e um nêutron. Depois, com a continuação do resfriamento, criam-se o hélio (^4He) e vestígios de outros elementos, como os isótopos do hélio (^3He) e, quem sabe, um pouco de lítio

(^{7}Li), através de colisões entre os núcleos de deutério. O impressionante é que não somos capazes de produzir nenhum dos elementos pesados, como o carbono e o oxigênio; a razão disso é que não existe nenhuma espécie estável com quatro prótons e quatro nêutrons — este seria o berílio-8 (^{8}Be), mas ele é totalmente instável.

O resultado espetacular desses cálculos é que esperamos que se produzam grandes quantidades de hélio (^{4}He), assim como quantidades pequenas, mas expressivas, de deutério (^{2}H) e hélio-3 (^{3}He), e ainda alguns vestígios de lítio (^{7}Li). Ora, sempre foi um grande problema compreender por que, para onde quer que olhemos no universo, o hélio parece estar sempre presente com uma abundância de aproximadamente 25% por massa. O resultado notável é que, para qualquer valor razoável de densidade média de matéria comum no universo atual, prevemos que terão sido criados aproximadamente 23 a 24% de hélio por massa, através de reações nucleares, nos três primeiros minutos do Big Bang. Não conhecemos nenhum outro meio de produzir esse grande volume de hélio através da síntese intra-estelar. O Big Bang Quente resolve esse dilema.

A outra fantástica constatação foi que os outros elementos leves também são rastreadores importantes das propriedades de nosso universo; o deutério, em particular, é de especial importância. O deutério é o isótopo pesado do hidrogênio e não pode ser criado nas estrelas pela síntese nuclear. Ele é um núcleo tão frágil que, mal se produz em qualquer quantidade significativa no centro das estrelas, é imediatamente destruído pela radiação presente nas altíssimas temperaturas em que foi criado. Em outras palavras, não esperamos que as estrelas sejam capazes de produzir deutério algum. A razão de ele conseguir sobreviver é que o universo se expandiu tão depressa em suas fases iniciais que não houve tempo para destruí-lo inteiramente com os raios gama ou para convertê-lo em hélio através de outras reações. Verifica-se que a quantidade de deutério presente é uma sondagem muito sensível da densidade da matéria comum no universo. Se o universo tivesse uma densidade elevada, haveria colisões suficientes entre o deutério e outros núcleos para converter a quase totalidade dele em hélio. No entanto, se o universo tinha baixa densidade, não terá havido tempo suficiente para que todo ele se convertesse em hélio, o que deixou para trás algum deutério que hoje podemos observar.

Pois bem, observem a maneira interessante como prossegue essa argumentação: quanto mais deutério tiver sido criado no Big Bang

Quente, mais baixa será a densidade média da matéria comum no universo. Já que só conhecemos maneiras de destruir o deutério, sua atual abundância estabelece um limite superior bastante firme para a densidade da matéria comum no universo. Se a densidade fosse maior, não produziríamos deutério suficiente. A razão de este ser um resultado tão instigante é que ele nos diz que a densidade da matéria comum no universo deve ser inferior a cerca de 1/10 da densidade crítica. Na verdade, verifica-se que também podemos explicar as abundâncias observadas do hélio-3 e do lítio em relação a um único valor da atual densidade de massa do universo (Figura 70). Isso quer dizer que não temos nenhum problema para explicar o fato de o material que compõe a matéria visível do universo corresponder a aproximadamente 2% da densidade crítica. Entretanto, sabemos que deve estar presente uma matéria escura que é cerca de 10 vezes mais abundante — poderá toda ela ser matéria comum ou não? A resposta é que, a rigor, não sabemos. É minha crença que, provavelmente, podemos conciliar os limites da densidade da matéria comum no universo com a quantidade de matéria escura de que precisamos nas regiões exteriores das galáxias e nos aglomerados de galáxias, mas isso é uma conjectura.

O que esses cálculos nos dizem é que não podemos atingir a densidade crítica com a matéria comum. Esse é um ponto crucial. Se o universo tivesse a densidade crítica na matéria comum, seriam produzidas abundâncias muito baixas de deutério no Big Bang Quente. Se nosso universo realmente tem a densidade crítica, e já afirmamos que esse talvez seja o único valor estável que ele pode ter, a maior parte da matéria do universo não pode ser matéria comum — e é isso que vem agitando os físicos das partículas. É bem possível que a matéria escura exista em alguma forma exótica, como as previstas pelas teorias atualmente mais aceitas das partículas elementares. Os exemplos dessas possibilidades incluem o parceiro hipotético supersimétrico do fóton, o fotino, ou possivelmente o gravitino, ou os áxions, e assim por diante. Por isso é que o tema do universo muito primitivo tem sido desenvolvido com grande entusiasmo pelos físicos das partículas, que o encaram como um laboratório para testar suas teorias sobre as partículas elementares. Tenho muita simpatia por eles, pois essa é a única maneira de poderem obter temperaturas suficientemente elevadas para verificar suas teorias!

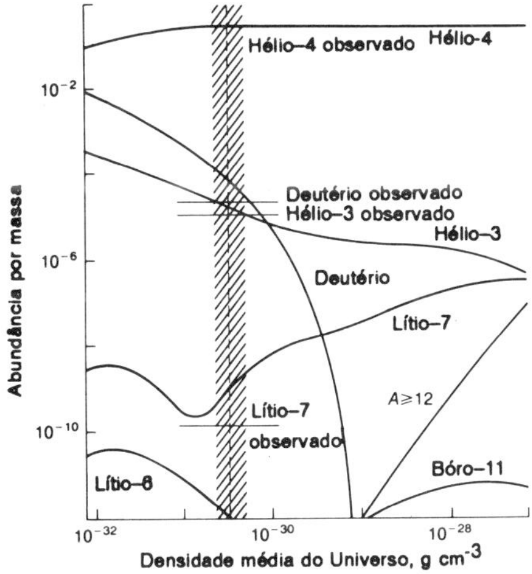

70. Abundâncias observadas dos elementos leves, comparadas à previsão dos diferentes modelos-padrão de mundo. Para uma gama dos modelos de mundo de baixa densidade, os modelos do Big Bang Quente podem explicar as abundâncias observadas do hélio, do deutério, do hélio-3 e do lítio.

Reparem que essa linha de raciocínio completa o terceiro dos três argumentos independentes que apóiam o modelo do Big Bang Quente. São eles:

1. a expansão do universo segundo Hubble;
2. a isotropia e o espectro térmico da radiação cósmica de fundo;
3. as abundâncias dos elementos leves.

Esses três indícios são independentes e todos encontram uma explicação natural no modelo-padrão do universo segundo o Big Bang Quente.

Ainda temos mais dois problemas para discutir. O primeiro pode ser entendido considerando-se o que acontece quando passamos para temperaturas ainda mais elevadas no universo primitivo. Uma das grandes descobertas da física das partículas na década de 1930 foi que, para todo tipo de partícula, deve haver uma antipartícula, que é uma imagem especular dessa partícula. Assim, por exemplo, sabemos que, nas colisões de alta energia entre os raios gama de alta

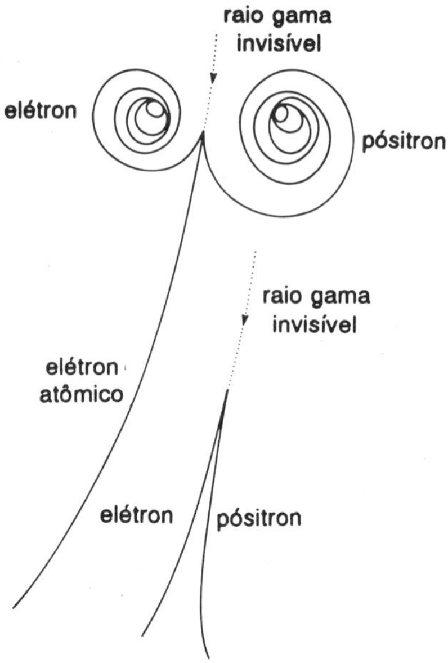

71. Exemplo da produção do par elétron-pósitron que ocorre numa experiência da física das partículas. Os elétrons e pósitrons têm cargas opostas e, desse modo, são recurvados em direções opostas pelo campo magnético.

energia e a matéria comum, cria-se um grande número de elétrons e de suas partículas especulares, os elétrons positivos ou pósitrons. A Figura 71 representa uma experiência da física das partículas em que esse processo foi captado. Os elétrons são partículas de carga negativa e os pósitrons são idênticos, mas com cargas opostas, de modo que suas trajetórias são recurvadas em direções opostas por um campo magnético. Na verdade, todas as propriedades das antipartículas são invertidas, quando comparadas às das partículas. Exatamente da mesma forma, os prótons têm carga elétrica positiva e suas partículas especulares, os antiprótons, têm carga negativa.

Ora, se levarmos o universo de volta a eras suficientemente primitivas, veremos que a radiação térmica de fundo atinge energias dos raios gama e que esses raios gama podem colidir, produzindo quantidades iguais de partículas e antipartículas — desde que, é claro, tenham energia suficiente para criar o par partícula-antipartícula. Essa é apenas a relação entre massa e energia de Einstein, $E = mc^2$, aplicada à colisão — em outras palavras, os fótons têm de ter energia suficiente para criar as massas da partícula e da antipartícula. Isso resulta numa situação bastante curiosa, pois sabemos que, em termos locais, nosso universo compõe-se apenas de matéria, em vez de ser uma mistura em partes iguais de matéria e antimatéria. Deve haver muito pouca antimatéria, caso contrário teríamos reconhecido sua presença pelos raios gama que seriam emitidos quando ela se anulasse com a matéria.

Podemos calcular quantos raios gama havia no universo primitivo em relação ao número de partículas de matéria, e verificamos que há aproximadamente 100.000.000 a 1.000.000.000 de raios gama para cada próton. Isso resulta num paradoxo bastante curioso, pois, quando a temperatura se eleva a ponto de podermos criar prótons e antiprótons a partir dos raios gama de alta energia, o universo é subitamente inundado por milhões de prótons e antiprótons. Então, ao adiantarmos os relógios a partir dessa fase inicial quentíssima, temos de começar, digamos, com 1.000.000.001 prótons e 1.000.000.000 de antiprótons. Com o resfriamento do universo, 1.000.000.000 de prótons se aniquilariam com 1.000.000.000 de antiprótons e produziriam raios gama, restando apenas um único próton, que se transformou no universo que conhecemos e amamos. Agora vocês hão de entender o problema: não podemos partir de um universo completamente simétrico entre matéria e antimatéria, caso contrário quase tudo se aniquilaria. Terminaríamos com uma quantidade pequeníssima de matéria e antimatéria no universo, muito inferior à quantidade que observamos. Por isso, na imagem clássica, temos de incorporar uma ligeira assimetria entre o número de prótons e de antiprótons, ou, em termos mais gerais, de partículas e antipartículas no universo muito primitivo.

O último problema concerne à extraordinária isotropia do universo. Em sua forma mais simples, podemos indagar: "Como é que um pedaço do universo sabia que tinha de acabar sendo exatamente idêntico a outro pedaço do universo que hoje está muito distante dele?" Segundo o raciocínio convencional, quando se quer que um pedaço do universo tenha as mesmas propriedades de outro, o mínimo que se deve ser capaz de fazer é garantir que as duas regiões possam comunicar-se, uma vez que, de outro modo, elas não "saberão" que têm de ser idênticas. Ora, a velocidade mais rápida a que essa informação pode viajar é a velocidade da luz. Se o universo está em expansão, isso vem a representar um problema incômodo,

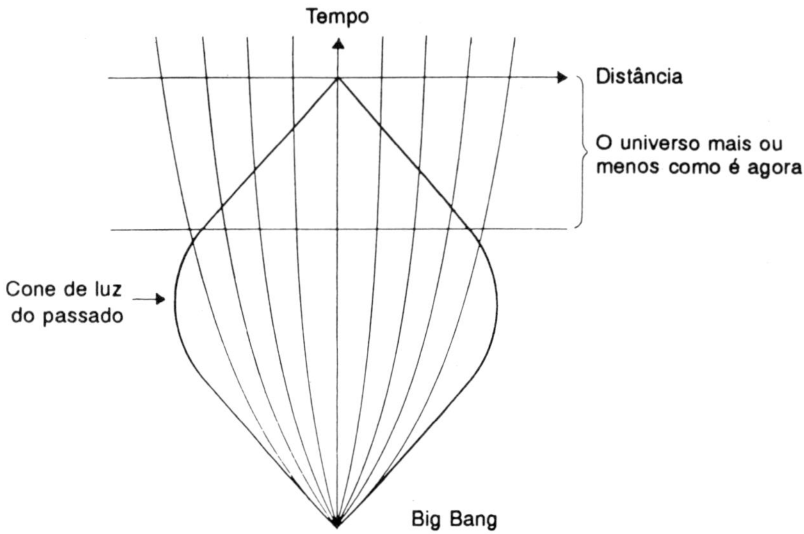

72. Diagrama simples do espaço-tempo de nosso universo, mostrando a curvatura do cone de luz do passado em direção à singularidade na ocasião do Big Bang.

pois só existe uma quantidade finita de tempo desde o começo da expansão.

Vamos ilustrar de que modo isso resulta num grande problema, estudando o que acontece num simples diagrama espaço-temporal de nosso universo. Pois bem, na versão convencional desse diagrama, representamos o tempo no eixo vertical e a distância no eixo horizontal. Traçamos as linhas correspondentes às trajetórias das galáxias que participam da expansão do universo (Figura 72). Agora, ao olharmos para o universo, nós o vemos tal como era no passado, e essa informação chega até nós à velocidade da luz. Logo, só podemos receber informações a partir de um cone centrado na Terra. Já o apresentei como um cone de luz do passado centrado em nossa galáxia. Pois bem, infelizmente, ele não pode continuar a ser um simples cone ao remontarmos até muito tempo atrás, caso contrário não passará pelo Big Bang. Na verdade, o cone de luz do passado tem de se curvar a grandes distâncias, como mostrei nesse diagrama.

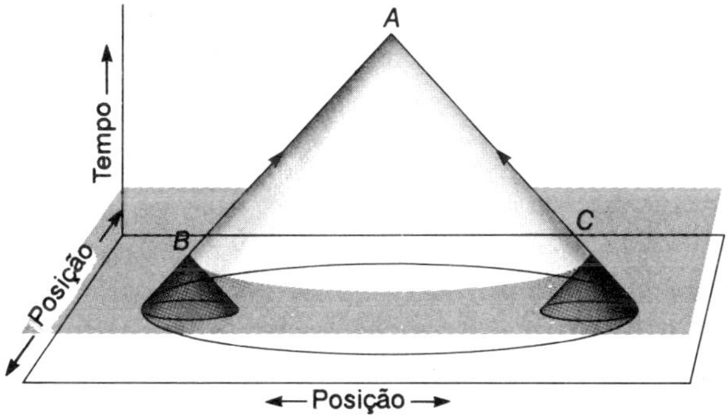

73. Ilustração do problema do horizonte no universo em expansão. O sistema de coordenadas foi distorcido para que os cones de luz do passado fossem cones verdadeiros, tal como aparecem. Para conseguir isso, as trajetórias das galáxias são distorcidas e o Big Bang é esticado num plano. Observamos que as regiões distantes do universo são as mesmas, mas não haveria tempo, na imagem padrão do universo, para que essas regiões amplamente separadas soubessem que tinham de ser idênticas.

Bem, é aí que os cosmólogos fazem um belo truque — vamos distorcer nossas coordenadas para que o cone de luz do passado continue a ser um cone verdadeiro, mas as trajetórias das galáxias se distorcem. O Big Bang ocorre, nesse caso, sobre uma camada, e não num ponto. Isso nos permite compreender bem melhor o problema (Figura 73). Sabemos que a radiação cósmica de fundo é extraordinariamente isotrópica e espalhou-se pela última vez quando o fator de escala era de aproximadamente 1/1.000. Na Figura 73, mostro esquematicamente dois pedaços de céu em direções opostas de onde a radiação cósmica de fundo foi emitida e, ligados a cada um deles, seus respectivos cones de luz do passado. Vocês podem ver que eles não se superpõem, mesmo que voltemos diretamente ao Big Bang. Este é o último problema: como foi que o universo soube que tinha de ter as mesmas propriedades em toda parte, até nas remotíssimas regiões que não podiam comunicar-se, de acordo com nossa construção simples? A única maneira de explicar esse problema na imagem clássica é presumir que foi assim que se montou o universo.

Agora completamos nosso catálogo dos quatro grandes problemas da cosmologia. Apenas para recapitulá-los:

1. Por que o universo é tão isotrópico?
2. Por que o universo está tão próximo de sua densidade crítica?
3. Por que o universo era ligeiramente assimétrico, no tocante à matéria e à antimatéria, em suas fases iniciais?
4. Qual é a origem das oscilações a partir das quais se formaram as galáxias?

Na imagem clássica do Big Bang Quente, esses quatro problemas são solucionados mediante a suposição de que o universo começou com as condições iniciais corretas, para começo de conversa. Em outras palavras, temos de postular que o universo foi montado com uma densidade próxima da densidade crítica, que era isotrópico e que havia a presença de oscilações das quais se formaram galáxias, e temos de presumir que havia uma ligeira assimetria matéria-antimatéria, tudo como condições iniciais. Isso talvez esteja certo, mas, cientificamente falando, não é um panorama muito agradável, pois não tem valor explicativo — só obtemos no final aquilo que colocamos no começo.

Felizmente, temos agora algumas pistas de como podemos tornar-nos capazes de resolver esses problemas, examinando o impacto da física das partículas na evolução do universo muitíssimo primitivo. Várias dessas idéias são sumamente novas e nos embrenhariam a fundo nas complexidades da moderna física das partículas. Permitam-me ser muito seletivo e passar-lhes uma noção de como uma ou duas dessas idéias me dão a esperança de que acabaremos conseguindo juntar vários desses problemas numa imagem unificada do universo muito primitivo. No momento, essas idéias devem ser consideradas especulativas, mas elas abrigam em si novos conceitos que, em princípio, são verificáveis no universo muito primitivo. Esse processo não é diferente da maneira como Copérnico descobriu que os planetas giravam na órbita do Sol, ou como Newton deduziu sua lei da gravidade a partir das leis do movimento planetário de Kepler. O físico moderno usa o universo primitivo como um laboratório para testar as teorias das partículas elementares.

Vamos discutir, antes de mais nada, a dinâmica realmente primitiva do universo. Resumindo uma história extremamente longa, existe um modo muito atraente de resolver dois dos problemas de nossa lista, que são a isotropia do universo e o fato de ele estar próximo da densidade crítica. O germe dessa idéia provém de algumas das primeiríssimas aplicações da teoria da relatividade geral de

Einstein ao universo. Dentre as soluções formais, há modelos em que o universo se expande exponencialmente em seus estágios primitivos. Em outras palavras, ele duplica seu tamanho a intervalos iguais e sucessivos de tempo. Vocês podem imaginá-lo começando realmente minúsculo e muitíssimo denso e, então, se expandindo a uma velocidade extraordinária sob a influência dessa expansão exponencial. Esse quadro é chamado de imagem *inflacionária* do universo primitivo. O processo tem algumas características notáveis. Uma das mais óbvias é que podemos começar por regiões realmente muito próximas do universo e que, por conseguinte, podem comunicar-se umas com as outras, e depois deixar que elas se expandam e se afastem a um ritmo exponencial, de modo que se desloquem rapidamente para distâncias tão grandes que já não consigam comunicar-se através de sinais luminosos. Isso pode resolver o problema número 1.

Agora, vamos dar uma olhadela na geometria do Universo nesse tipo de expansão inflacionária. Se o universo se expande exponencialmente por esse fator imenso, temos a mesma coisa que o enchimento de uma bola de ar. A curvatura do espaço pode ser muito complexa no começo, mas, à medida que a bola se infla, a curvatura da superfície torna-se cada vez mais plana. Na verdade, se a expansão for suficientemente grande, acabaremos com uma geometria euclidiana essencialmente plana. Pois bem, como explicamos antes, a geometria do espaço-tempo e sua densidade da matéria, na cosmologia, têm uma relação muito estreita e, portanto, se pudermos fazer uma transformação desse universo em expansão exponencial para nosso universo comum, através de algum meio adequado, terminaremos com um universo dotado de cortes espaciais euclidianos e que, por conseguinte, deverá ter uma densidade efetivamente muito próxima da densidade crítica. Isso ocorre porque, como mencionamos anteriormente, de acordo com a teoria clássica do universo em expansão, o modelo crítico tem a geometria espacial plana de Euclides. Esses são dois resultados notáveis da idéia de que, nos estágios muito primitivos, o universo teria passado por um período de expansão muito rápida — o que se conhece como *universo inflacionário*. Que preço temos de pagar para fazer com que isso funcione? A resposta é que teremos tido de introduzir um tipo especial de força física no universo muito primitivo. Podemos demonstrar, de maneira bastante simples, que esse tipo de comportamento só ocorre quando a matéria tem uma equação de estado muito peculiar. Trata-se do que se conhece por *equação de estado de energia negativa*. Um gás comum tem uma equação de estado em que, quanto maior sua densidade numa dada temperatura, maior a pressão. Numa equação de estado de energia negativa, acontece o inverso, no sentido de que a pressão é proporcional a *menos* a densidade da matéria. Na verdade, não se trata de pressão alguma — ela é exatamente o oposto e deve ser chamada de tensão. A razão de essa idéia ser levada a sério é que os físicos das partículas descobriram, nas interações elementares, forças que têm exatamente essas propriedades. A mais simples dessas forças encontra-se na teoria da interação eletrofraca unificada e é necessária para dar massa às partículas. O importante é que existe, atualmente, uma motivação física autêntica para a introdução de forças dotadas dessas propriedades estranhas em energias muito elevadas. Até o presente, ainda não existe uma identificação física apropriada de forças que pudessem resultar na expansão inflacionária do universo primitivo, mas essas idéias parecem animadoras.

E que dizer do terceiro problema, referente à assimetria entre matéria e antimatéria? Mais uma vez, existem pistas poderosas provenientes da física das partículas. Sabemos que há uma assimetria implícita entre matéria e antimatéria ao examinarmos os resultados das experiências com aceleradores. Em especial, uma partícula neutra conhecida como méson K^0 deveria decompor-se, simetricamente, num número igual de partículas e antipartículas, mas isso não ocorre. Ela tem uma preferência muito ligeira pela matéria, em comparação com a antimatéria. Podemos incorporar essa idéia no universo primitivo, e os teóricos nos dizem que conseguiremos, pelo menos, obter aproximadamente a assimetria exata entre matéria e antimatéria que observamos no universo. Isso também é animador.

O quarto problema, acerca da origem das oscilações de que se formam as galáxias, é ainda mais técnico que os três primeiros, e vamos apenas assinalar que o universo muito primitivo não faz simplesmente resfriar-se e ficar frio. Há diversas mudanças de fase à medida que ele se expande. Sempre que ocorrem essas mudanças de estado, como quando a água se congela ou ferve, existe a possibilidade de se criarem grandes oscilações. Uma das possibilidades é que, a partir dessas mudanças de fase ou de fenômenos similares, possamos descobrir as oscilações de que precisamos. Outra possibilidade é que as oscilações provenham de flutuações quânticas no universo muito primitivo.

Espero que as linhas gerais da argumentação estejam claras. Ninguém conhece a solução certa desses quatro grandes problemas, porém há muito mais do que um vislumbre de esperança de que a física das partículas, combinada com a astrofísica, nos permita chegar a uma compreensão muito mais profunda de como é possível solucioná-los. Seria uma síntese realmente extraordinária se o imenso e o ínfimo viessem a se juntar no universo mais primitivo — mas essa é a meta atual de boa parte das pesquisas cosmológicas nesse campo.

Terei respondido à pergunta a respeito da origem do universo? É claro que não. Quando consideramos esse tipo de problemas, não estamos falando do universo quando ele tinha um segundo ou até um milionésimo de segundo de idade. Estamos considerando densidades que ultrapassam qualquer coisa com que tenhamos experiência em nossos laboratórios. Não há, na atualidade, nenhum outro meio que conheçamos de estudar as condições físicas realmente extremas do universo muito primitivo. Mas há muitas coisas a serem entendidas nas novas física e astrofísica. É nessa interação entre a nova física e o universo em evolução, tal como o conhecemos, que talvez resida o maior de todos os desafios para os cosmólogos modernos.

Recomendações Bibliográficas

Há muitos textos introdutórios de excelente qualidade sobre a astronomia e a cosmologia modernas. Os livros seguintes encontram-se entre aqueles a que mais me refiro:

The New Physics, org. por P. C. W. Davies, 1989, Cambridge University Press. Esse livro contém vários artigos sobre relatividade geral, cosmologia e astrofísica, mais ou menos no nível do *Scientific American*.

The Cambridge Atlas of Astronomy, org. por J. Audouze e G. Israel, 1989, Cambridge University Press. Esse é um livro profusamente ilustrado, com muitas imagens excelentes de todos os tipos de objetos do universo. O nível é não-técnico.

Alice and the Space Telescope, de M. S. Longair, 1989, Johns Hopkins University Press. O livro foi escrito em comemoração à ciência que pode ser praticada pelo telescópio espacial Hubble. Contém uma série de pequenos ensaios sobre muitos temas da moderna astronomia.

Fundamental Astronomy, de H. Karttunen, P. Kroger, H. Oja, M. Pountanen e K. J. Donner, 1987, Springer-Verlag. Esse é um belo manual moderno de astronomia elementar. Fornece excelente introdução, num nível ligeiramente mais técnico, a muitos dos temas do presente livro.

Physics of the Early Universe, org. por J. A. Peacock, A. F. Heavens e A. T. Davies, 1990, SUSSP Publications. Se vocês forem muito corajosos e precisarem de uma introdução, em nível de graduação, aos problemas da formação das galáxias e da origem do universo, esse é o texto indicado. Vocês não deverão ter medo da teoria quântica de campo e da física das partículas elementares ao abrirem esse livro.

Universe, de M. Rowan-Robinson, 1990, Longman. Muito bom, esse livro contém imagens atualizadas de muitos dos objetos a que me referi aqui.

Créditos das Ilustrações

1: Cortesia da NASA e do Space Telescope Science Institute (1990); *3:* Cortesia do Observatório do Monte Palomar; *4*: Cortesia do Observatório Lund; *6, 7 e 34:* Cortesia de D. Malin e do Observatório Anglo-Australiano; *2, 8, 12 e 45:* Cortesia do Observatório Real de Edimburgo; *9 e 10:* Cortesia do Observatório Real de Greenwich; *11:* Cortesia de H. Arp, de *Optical Jets in Galaxies* (1981), ESA Publications; *13:* Cortesia de P.J.E. Peebles, do *Astron. J.* (1977); *14:* Cortesia de M. Geller, *copyright* 1990 do Observatório Astrofísico Smithsoniano; *17:* Segundo Giacconi, Gursky e van Speybroeck, de *Ann. Rev. Astr. Atrophys.* (1968); *19:* De S. van den Bergh, no *Astrophys. J.* (1975); *20:* Cortesia do Dr. F. Seward e do Centro Smithsoniano de Astrofísica de Harvard; *21:* Cortesia da NASA; *22:* Cortesia do Dr. K. Bennett e da Agência Espacial Européia; *23:* Cortesia da NASA, do Laboratório de Propulsão a Jato e do Laboratório Rutherford-Appleton; *24, 25 e 61:* Cortesia da NASA/Centro Goddard de Vôos Espaciais (1990); *26:* Cortesia do Dr. G. Haslam, do Instituto Max Planck de Radioastronomia, em Bonn; *29:* Cortesia de J. N. Bahcall, de *Neutrino Astrophysics* (1989), Cambridge University Press; *30:* Cortesia da Agência Espacial Européia; *31:* Segundo D. O. Gough, cortesia da Agência Espacial Européia (1985); *33:* Pintura de Davis Melzer; *35: copyright* 1989, Observatório Real de Edimburgo; *36 e 63: copyright* do Observatório Real de Edimburgo; *37: Copyright* 1989, Mark McCaughrean e Observatório Real de Edimburgo; *41:* Segundo C. J. Lada, no *Ann. Rev. Astr. Astrophys.* (1985); *43:* Segundo B.T. Draine, no *Atrophys. J.* (1983); *44:* Cortesia de W. Dent e do Observatório Real de Edimburgo (1990); *46:* Cortesia de R. Perley, *copyright* da NRAO (1985) e *Astrophys. J.* (1984); *47 (a):* De *Structure and Evolution of Active Galactic Nuclei* (1986), D. Reidel and Company; *(b)* Cortesia de K. Pounds e da Agência Espacial Européia; *48:* Cortesia do Dr. S. J. Bell-Burnell; *50:* Segundo S. L. Shapiro e S. A. Teukolsky, de *Black Holes, White Dwarfs and Neutron Stars: The Physics of Compact Objects* (1983), Wiley-Interscience; *51:* Cortesia de H. Tananbaum et al., do *Astrophys. J.* (1972); *56:* Segundo A. Wandel e R F. Mushotsky, do *Astrophys. J.* (1986); *57:* Segundo T. J. Pearson et al., de *Extragalactic Radio Sources* (1982), D. Reidel and Company; *59:* Segundo

A.R. Sandage, de *Observatory* (1968); *60:* Cortesia do Dr. M. Seldner; *64:* Segundo C. Frenk, de *Phil. Trans. Roy. Soc. Lond.* (1986); *65, 66, 67 e 72:* De M.S. Longair, *Alice and the Space Telescope* (1989), Johns Hopkins University Press, desenhos de Stephen Kraft; *69:* De R. V. Wagoner, no *Astrophys. J.* (1973); *70:* Adaptado de J. Audouze, *Astrophysical Cosmology* (1982), Pontifica Academia, Scientiarium Scripta Varia, Cidade do Vaticano; *71:* Segundo F. Close, M. Marten e C. Sutton, de *The Particle Explosion* (1987), Oxford University Press; *73:* De A. Guth e P. Steinhardt, *The New Physics* (1989), Cambridge University Press.

Glossário

absorção Processo através do qual a intensidade da radiação diminui ao passar por um meio material. A energia perdida pela radiação é transferida para o meio.

anã branca Estrela em estado avançado de evolução estelar, composta de matéria degenerada. As anãs brancas são criadas quando as estrelas finalmente esgotam suas fontes possíveis de combustível para a fusão termonuclear. A estrela sofre um colapso sob o efeito de sua própria gravidade, comprimindo a matéria num estado degenerado em que os elétrons e núcleos são compactados.

anã marrom Nome cunhado para hipotéticas estrelas muito frias, com massas baixas demais para que haja reações nucleares em seu centro. Nenhuma dessas estrelas foi inequivocamente identificada até hoje, embora várias candidatas tenham sido sugeridas.

antimatéria Matéria composta de partículas elementares que têm massas e *spins* idênticos aos das partículas que compõem a matéria comum, mas com a inversão de algumas outras propriedades, como a carga elétrica. Embora algumas antipartículas sejam observadas na natureza e outras sejam produzidas em laboratório, não há provas da existência de antimatéria em quantidade como tal. Se a matéria comum e a antimatéria se encontrassem, aniquilar-se-iam mutuamente com a liberação de energia.

astronomia dos neutrinos Tentativa de detectar neutrinos de fontes cósmicas, especialmente do Sol. Os neutrinos são partículas elementares sem carga elétrica que têm apenas uma interação muito fraca com a matéria. Viajam à velocidade da luz e são produzidos em vastas quantidades pelas reações nucleares que ocorrem no centro das estrelas e nas explosões de supernovas.

Big Bang Modelo da história do universo que afirma que este se iniciou num estado infinitamente compacto e vem-se expandindo desde um "evento" criador que teria ocorrido entre cerca de 13 e 20 bilhões de anos atrás e que se tornou conhecido como o "Big Bang" [grande explosão]. Essa teoria é hoje amplamente aceita, pois explica três das observações mais importantes da cosmologia: o universo em expansão, a existência da radiação cósmica de fundo e a origem dos elementos leves.

colimação Processo de tornar paralelo um feixe de luz ou de partículas, de modo a que não seja convergente nem divergente.

constante de Hubble Constante da proporcionalidade na Lei de Hubble. Descreve a taxa de expansão do universo ao longo do tempo. O valor não é fácil de determinar, em virtude de algumas incertezas na escala de distâncias extragalácticas, mas parece situar-se entre 50 e 100 quilômetros por segundo por megaparsec. Num universo em evolução, seu valor se modifica com o tempo, em vez de ser uma constante verdadeira. Por essa razão, alguns preferem referir-se a ela como "parâmetro" de Hubble.

corpo negro Corpo que absorve toda a radiação que incide sobre ele. A intensidade da radiação emitida por um corpo negro e sua variação de acordo com o comprimento de onda dependem apenas da temperatura do corpo e podem ser previstas pela teoria quântica.

densidade crítica Em cosmologia, densidade da matéria que garante que o universo se expanda até o infinito. A expansão observável pode ser desacelerada e até revertida pela gravidade se a densidade for suficientemente alta. A densidade crítica é definida como a densidade que assegura que a desaceleração e a velocidade de expansão se tornem iguais a zero ao mesmo tempo. Seu valor é de $1 - 2 \times 10^{-26}$ quilogramas por metro cúbico. Isso é cerca de dez vezes mais do que a densidade inferida da matéria visível, como as estrelas e as galáxias. Muitos cosmólogos gostam de imaginar um universo fechado, o que leva ao problema da massa que falta e à busca da matéria escura a fim de equiparar a densidade real à densidade crítica.

espaço euclidiano Espaço uniforme, homogêneo e isotrópico (ou seja, em que todos os lugares e todas as direções são idênticos), no qual as formas geométricas não são alteradas pela rotação da posição. Matematicamente, esse espaço tem curvatura zero. Trata-se do espaço geralmente adotado nos modelos cosmológicos mais simples e constitui o espaço "plano" da experiência cotidiana.

espaço hiperbólico Espaço uniforme, tal como o é o espaço euclidiano, mas com a característica adicional de haver mais de uma paralela a uma reta que passa por determinado ponto. Matematicamente, esse espaço tem curvatura negativa.

estrela binária Dupla de estrelas em órbita uma ao redor da outra, mantidas em equilíbrio pela atração gravitacional mútua. Cerca de metade de todas as "estrelas" compõem-se, na verdade, de binárias ou múltiplas, embora muitas sejam tão próximas que é impossível ver seus componentes individualmente. A presença de mais de uma estrela é inferida a partir da aparência do espectro combinado. Cada um dos dois componentes de um sistema binário move-se numa órbita elíptica em torno de seu centro comum de massa. Alguns componentes binários são tão próximos que a atração gravitacional distorce a forma esférica normal de cada uma das estrelas. Elas podem trocar material e ser circundadas por um envoltório comum de gás. Pode desenvolver-se um disco de acreção à medida que a matéria flui em direção a uma estrela compacta e giratória de um sistema binário. A energia liberada resulta na emissão de raios X. As novas são outra conseqüência da troca de massa das estrelas binárias.

estrela degenerada Termo que abrange as anãs brancas e as estrelas de nêutrons, compostas de matéria degenerada. Essas estrelas encontram-se num estágio avançado da evolução e sofreram um colapso gravitacional extremo. A existência de átomos normais em condições de pressão muito elevada é impossível. Nas anãs brancas, elétrons e núcleos atômicos formam uma massa densa e compacta. Um efeito quanto-mecânico, chamado pressão de degeneração, opõe-se a um novo colapso gravitacional. Entretanto, quando a massa total da estrela ultrapassa aproximadamente 1,44 vez a massa do Sol, a pressão de degeneração é insuficiente para compensar a força gravitacional, daí resultando uma estrela de nêutrons. Os elétrons e os núcleos combinam-se numa forma de matéria que consiste em nêutrons solidamente compactados.

estrela de nêutrons Estrela que sofreu colapso, sob o efeito da gravidade, a ponto de se constituir quase inteiramente de nêutrons. As estrelas de nêutrons têm apenas dez quilômetros de diâmetro e densidade de aproximadamente 10^{17} quilogramas por metro cúbico.

fluxo bipolar Gás que flui de uma estrela recém-formada em duas direções opostas. O fluxo brota do centro do disco de acreção da estrela e é forçado a se mover ao longo do eixo de rotação. O vento estelar, soprando a uma velocidade típica de 200 quilômetros por segundo, arrasta o material interestelar que encontra, criando uma estrutura capsular de dois lobos que se estende para fora a uma distância de cerca de um ano-luz.

galáxia de Seyfert Tipo de galáxia com núcleo pontiagudo brilhante e braços espiralares indiscerníveis, originalmente descrita por Carl Seyfert em 1943. O espectro mostra amplas linhas de emissão.

grãos de poeira Pequenas partículas de matéria, tipicamente da ordem de 100 nanômetros de diâmetro, coexistentes com os átomos e moléculas de gás no espaço interestelar. Considera-se que os grãos de poeira consistem, predominantemente, em silicatos e/ou carbono sob a forma de grafite. As nuvens escuras de poeira evidenciam-se ao obscurecerem a luz proveniente das estrelas e das nuvens luminosas de gás, como acontece no plano da Via-Láctea. Apesar de tênues, essas nuvens são muito eficazes na absorção da luz visível. Entretanto, a radiação nos comprimentos de onda infravermelhos e mais longos consegue atravessá-las sem dificuldade. A presença da poeira também é revelada pela emissão de radiação infravermelha, gerada quando os grãos são aquecidos pela absorção da radiação visível e ultravioleta. A temperatura da poeira, tipicamente, situa-se na faixa de 30-500 K.

ionização Processo em que os elétrons são retirados dos átomos através de colisões, por exemplo, ou em virtude de a temperatura ser suficientemente elevada, deixando os átomos com uma carga elétrica positiva residual. Os átomos eletricamente carregados transformam-se em íons positivos.

isotropia Propriedade de não ter nenhuma direção preferencial. A água é isotrópica, enquanto um floco de neve, que tem simetria sêxtupla, não o é. Acredita-se que o universo em larga escala seja isotrópico.

Lei de Hubble Afirmação de que as velocidades de afastamento das galáxias distantes são diretamente proporcionais a sua distância de nós. Essa lei é conseqüência imediata da expansão uniforme do universo.

limite de Eddington Limite superior da proporção entre a luminosidade e a massa de uma estrela estável que gera energia através da conversão do hidrogênio em hélio. *Sir* Arthur S. Eddington (1881-1944) demonstrou que esse limite corresponde a 40.000 quando se usam as unidades da massa e da luminosidade do Sol. Quando o limite é ultrapassado, as camadas externas da estrela são atiradas para longe pela pressão da radiação, formando-se uma nebulosa planetária.

magnitude Medida do brilho de uma estrela ou outro corpo celeste. Na escala de magnitudes, os números menores referem-se aos objetos de maior brilho. O sistema de magnitudes foi, a princípio, uma tentativa qualitativa de classificar o brilho aparente das estrelas. O astrônomo grego Hiparco (c. 120 a.C.) classificou as estrelas numa escala de magnitude que ia da "primeira", para as estrelas mais brilhantes, até a "sexta", para aquelas que só eram detectáveis a olho nu em céu escuro. Essa descrição qualitativa foi padronizada em meados do século XIX. Nessa época, entendia-se que cada passo arbitrário na magnitude correspondia aproximadamente a uma proporção de brilho similar. (Em outras palavras, a escala de magnitudes é uma escala logarítmica de brilho.) O brilho das estrelas ou galáxias observadas da Terra, ou seja, sua magnitude aparente, depende de sua luminosidade intrínseca e de sua distância. A magnitude absoluta é uma medida da luminosidade intrínseca na escala de magnitudes. É definida como a magnitude que um objeto teria a uma distância arbitrária de dez parsecs.

matéria escura Matéria postulada como existente no universo, mas ainda não detectada. O indício que aponta para a matéria escura provém, em parte, de observações das velocidades das galáxias nos aglomerados galácticos. Outros indícios de matéria escura vêm da comparação da massa fornecida pelas galáxias com a massa teoricamente necessária a um universo fechado.

momento angular Momento que um corpo possui em virtude de seu estado de rotação. Um objeto com momento angular continua a girar na mesma velocidade, a menos que alguma força atue sobre ele.

movimento superluminar Movimento a uma velocidade que aparentemente ultrapassa a da luz. A separação angular dos componentes de algumas radiofontes duplas aumenta numa proporção que parece equivaler a até dez vezes a velocidade da luz quando se leva em conta a distância da fonte. Na realidade, esse é um efeito puramente geométrico, causado pelo fato de o componente ejetado viajar quase diretamente em direção a nós, ao longo da linha visual, a uma velocidade quase tão grande quanto a da luz. Esse fenômeno foi observado no quasar 3C 273.

nebulosa planetária Cápsula de gás em expansão que circunda uma estrela em estágio avançado de evolução estelar. O nome deriva da descrição fornecida por William Herschel, que achou que sua forma circular fazia lembrar os discos dos planetas, tal como vistos por um pequeno telescópio. Não há nenhuma ligação entre os planetas e as nebulosas planetárias. Estas são formadas no processo de perda de massa durante o qual as estrelas vermelhas gigantes acabam por se transformar em anãs brancas. As nebulosas assumem uma multiplicidade de formas — anelares, circulares, de halteres ou irregulares. Alguns exemplos notáveis incluem a Nebulosa do Anel, a Nebulosa da Hélice e a Nebulosa do Halteres.

núcleo galáctico ativo (NGA) Região central de uma galáxia ativa em que são gerados volumes excepcionalmente grandes de energia a partir de uma fonte diferente da produção normal das estrelas individualmente consideradas. Essa é uma característica comum a vários tipos de objetos que foram diferentemente classificados, conforme sua aparência e a natureza da radiação que emitem. Os quasares, as galáxias de Seyfert e as radiogaláxias são todos manifestações do fenômeno do NGA. A fonte de energia parece concentrar-se no núcleo. Um dos mecanismos que poderiam explicar o imenso volume de energia observado seria a presença de um buraco negro supermassivo, onde a matéria cairia com a liberação da energia gravitacional. A variabilidade em escalas temporais relativamente curtas mostra que a usina energética deve estar concentrada numa pequena região do espaço.

números M, catálogo de Messier Catálogo de aproximadamente 100 das galáxias, aglomerados de estrelas e nebulosas mais brilhantes, compilado pelo astrônomo francês Charles Messier (1730-1817). Sua lista inicial, publicada em 1774, continha 45 objetos, mas foi posteriormente suplementada por descobertas adicionais e contribuições de um colaborador de Messier, Pierre Méchain. Os objetos do catálogo, que ainda é amplamente utilizado, são identificados pelo prefixo "M", seguido por seu número no catálogo.

números NGC, *New General Catalogue* [Novo Catálogo Geral] Catálogo de objetos não-estelares compilado por J.L.E. Dreyer, do Observatório de Armagh, e publicado em 1888. Outros 1.529 objetos foram listados num suplemento publicado sete anos depois, chamado *Index Catalogue* (IC). O *Second Index Catalogue* de 1908 ampliou a lista suplementar para 5.386 objetos. Os números NGC e IC são amplamente usados como meio de identificação de nebulosas e galáxias.

nuvem molecular gigante Nuvem de matéria interestelar que contém moléculas. As nuvens moleculares gigantes são primordialmente compostas de hidrogênio molecular e monóxido de carbono (CO), mas também contêm muitas outras moléculas interestelares. São as entidades mais massivas de nossa galáxia, contendo até 10 milhões de massas solares, e têm uma largura típica de 150 a 250 anos-luz. A Nebulosa de Órion é um exemplo notável.

ocultamento Passagem de um objeto astronômico diretamente à frente de outro, de modo a obscurecê-lo da visão de determinado observador.

parâmetro de densidade Na teoria cosmológica, a densidade do universo em relação à densidade crítica.

parâmetro de desaceleração Número que indica o índice de desaceleração da expansão do universo em virtude da atração gravitacional mútua da matéria nele presente. Um valor superior a 0,5 denota uma situação em que a expansão do universo acabará sendo detida, seguindo-se sua contração e colapso. Um valor inferior a 0,5 indica que o universo continuará a se expandir. As evidências atuais tendem a sugerir que a expansão está sendo desacelerada.

polarização Distribuição não casual da direção do campo elétrico entre os fótons num feixe de radiação eletromagnética. Na polarização linear, os vetores que representam o campo elétrico são paralelos. Na polarização circular, a direção da polarização muda continuamente, de maneira que o vetor do campo elétrico gira conforme a freqüência da radiação.

princípio antrópico Afirmação de que a existência de vida inteligente influencia a natureza do universo que observamos. Segundo o princípio antrópico, não somos observadores passivos de um universo que seria o mesmo se não estivéssemos aqui para observá-lo. Ao contrário, o universo é tal como o vemos por causa de nossa existência.

proto-estrela Estrela no mais primitivo estágio observável do processo de formação, quando está ocorrendo a condensação numa nuvem interestelar, mas antes do início das reações nucleares em seu interior.

pulsar Fonte estelar de ondas de rádio, caracterizada pela rápida freqüência e regularidade das irrupções de ondas de rádio emitidas. O intervalo de tempo entre os pulsos sucessivos é de milissegundos nos pulsares dos sistemas binários e de até quatro segundos nos mais lentos. O pulsar é uma estrela de nêutrons giratória, com massa semelhante à do Sol, mas com diâmetro de apenas cerca de 10 quilômetros. Os pulsos ocorrem porque a estrela de nêutrons gira com muita rapidez.

quasar Pequeno objeto extragaláctico extraordinariamente luminoso para seu tamanho angular e que tem um acentuado deslocamento para o vermelho. Acredita-se hoje, em geral, que os quasares são o tipo mais luminoso de núcleos galácticos ativos (NGA). Num pequeno número deles, detectou-se a tênue luz nebulosa de uma galáxia circunjacente. Muitos milhares de quasares acham-se catalogados. Em geral, têm um espectro que mostra linhas de emissão e um desvio acentuado para o vermelho (tipicamente, de 0,5 a 4, embora haja registros de valores mais altos e mais baixos do que esses), e são tão compactos que aparecem com a mesma nitidez que as estrelas nas fotografias. Embora todos os quasares descobertos na década de 1960 fossem radiofontes, a maioria dos que hoje são conhecidos não se compõe de radiofontes intensas.

radiação cósmica de fundo Radiação eletromagnética difusa que parece permear todo o universo. Sua descoberta, em 1963, foi de imensa importância para a cosmologia, pois forneceu fortes evidências favoráveis à teoria do Big Bang. Acredita-se que ela seja um remanescente da radiação gerada no evento que assinalou a origem do universo. O espectro da radiaçao de fundo é característico de um corpo negro a uma temperatura de 2,736 graus acima do zero absoluto (2,736K) e tem sua intensidade máxima na região do microonda. A Via-Láctea viaja pelo espaço a 600 quilômetros por segundo em relação à radiação de fundo.

radiação síncrotron Radiação eletromagnética emitida por uma partícula eletricamente carregada que viaja a uma velocidade quase igual à da luz num campo magnético. O nome decorre de ela ter sido observada pela primeira vez nos aceleradores de síncrotron usados pelos físicos nucleares. Trata-se da principal fonte de emissão de rádio dos restos de supernova e das radiogaláxias. Grande parte da luz e da emissão de raios X da Nebulosa do Caranguejo também é produzida através do processo síncrotron pelos elétrons de altíssima energia do pulsar central. O espectro da radiação síncrotron tem um perfil característico, muito diferente do da radiação térmica emitida pelo gás quente. As fontes de síncrotron, portanto, são fáceis de identificar. A polarização da emissão fornece um meio de calcular o campo magnético da fonte.

radiogaláxia Galáxia que é uma intensa fonte de emissão de rádio. Mais ou menos uma galáxia em 1 milhão é uma radiogaláxia. A emissão de rádio é a radiação síncrotron de elétrons que viajam a velocidades próximas da velocidade da luz. O protótipo das radiogaláxias costuma ser considerado a Cygnus A, na qual duas imensas nuvens de radioemissão se dispõem simetricamente em cada lado de uma galáxia elíptica perturbada. As radiogaláxias relacionam-se estreitamente com os quasares, muitos dos quais têm propriedades de rádio semelhantes.

raio de Schwarzschild Raio crítico em que o espaço-tempo que circunda uma esfera se torna tão curvo que se enrosca ao redor do corpo, envolvendo-o. Um objeto que se tenha contraído dentro de seu raio de Schwarzschild é um buraco negro, do qual nada consegue escapar para o mundo externo. O raio de Schwarzschild do Sol é de três quilômetros e o da Terra, de um centímetro.

resto de supernova Envoltório de material em expansão criado pela ejeção das camadas externas de uma estrela que explode, como uma supernova. Alguns exemplos conhecidos de restos de supernova são a Nebulosa do Caranguejo, a Cassiopéia A, a Estrela de Kepler, a Estrela de Tycho e a Alça de Cygnus.

seqüência principal Nas estrelas da seqüência principal, a fusão do hidrogênio em hélio no núcleo estelar é a fonte da energia. A expressão "seqüência principal" surge porque, quando uma amostra de estrelas é representada num gráfico de luminosidade estelar comparada à temperatura estelar, as estrelas que queimam hidrogênio ocupam uma larga trilha, ficando as de alta luminosidade/alta temperatura num extremo e as de baixa luminosidade/baixa temperatura no outro. As estrelas frias de alta luminosidade, como as vermelhas gigantes, e as estrelas quentes de baixa luminosidade, como as anãs brancas, não se situam na seqüência principal.

singularidade Conceito matemático que pode ser visualizado como uma região recurvada do espaço-tempo em que um ou mais componentes das equações que descrevem a geometria se tornam infinitos, de modo que as leis físicas comuns deixam de ser aplicáveis. Considera-se que o Big Bang emergiu de uma dessas singularidades, de acordo com a imagem clássica.

supernova Explosão estelar catastrófica em que há tamanha liberação de energia que a supernova pode brilhar, sozinha, mais do que uma galáxia inteira com bilhões de estrelas. Além da energia luminosa produzida, dez vezes essa energia vão para a energia cinética do material dispersado pela explosão e cem vezes essa energia são carregados pelos neutrinos. A explosão de uma supernova ocorre quando uma estrela desenvolvida esgota seu combustível nuclear. Nessas circunstâncias, o núcleo torna-se instável e sofre um colapso em menos de um segundo. A velocidade é acelerada com a decomposição dos núcleos de ferro e a formação de nêutrons. Entretanto, a implosão não pode continuar indefinidamente. Quando é alcançada a densidade da matéria nuclear, há uma vigorosa resistência a qualquer pressão adicional, o centro oscila e uma onda de choque é gerada de dentro para fora. As camadas externas da estrela são ejetadas a milhares de quilômetros por segundo, deixando exposto o núcleo da estrela de nêutrons.

teoria especial da relatividade Teoria postulada por Einstein em 1905. Nela, Einstein presumiu que as leis da física seriam as mesmas em todos os quadros de referência que estivessem em movimento uniforme em relação uns aos outros e que a velocidade da luz era uma constante fundamental, de valor idêntico para todos os observadores. Essa teoria tem muitas conseqüências importantes: por exemplo, a massa observável de um objeto aumenta com a velocidade e seu comprimento observável diminui.

teoria geral da relatividade Teoria da gravitação publicada por Albert Einstein em 1915, com base na geometria das quatro dimensões. Essa teoria lida com o movimento acelerado, enquanto a teoria especial da relatividade, anteriormente formulada (1905), considerava o movimento uniforme. Um dos postulados fundamentais da teoria geral é que é impossível, para um observador colocado dentro de uma caixa preta, distinguir experimentalmente entre o movimento uniformemente acelerado e o movimento num campo gravitacional. A teoria geral descreve a gravidade como uma propriedade geométrica do espaço-tempo quadridimensional. Essa geometria, por sua vez, é determinada pela distribuição da massa e da energia. Na teoria geral, a massa e a energia são equivalentes, ligando-se pela famosa equação $E = mc^2$. A teoria geral da relatividade aparece em diversas áreas da astronomia. O periélio de Mercúrio avança 43 segundos de arco por século além do que fora previsto pela teoria gravitacional de Newton, mas a teoria da relatividade o explica com exatidão. A luz proveniente das estrelas é desviada quando o raio passa muito perto do Sol, o que já foi observado nos eclipses solares. O movimento dos pulsares nos sistemas binários é prontamente explicado pela teoria geral da relatividade. Sua aplicação mais freqüente ocorre na cosmologia. A gravidade é uma força de atração que atua em grandes distâncias e, assim, a teoria da gravidade (isto é, a teoria geral) é crucial para as tentativas de produzir modelos matemáticos do universo.

universo inflacionário Categoria de modelos do Big Bang para o universo que incluem uma mudança de fase cerca de 10^{-34} segundos após o início do Big Bang. Esse evento liberou uma imensa energia até então armazenada no vazio do espaço-tempo. O horizonte do universo se expandiu, temporariamente, muito mais depressa do que a velocidade da luz. Essa teoria consegue explicar satisfatoriamente a vasta extensão atual do universo e sua uniformidade.

velocidade de escape Velocidade mínima que permite que um corpo pequeno escape da atração gravitacional de um corpo mais massivo.

WIMPs Abreviação de *electrically neutral weakly interacting massive particles* [partículas massivas e eletricamente neutras e de interação fraca]. Ainda não foram observadas nos aceleradores de partículas. Se existirem, serão importantes para a cosmologia, pois contribuirão para a massa que falta.

zero absoluto Ponto em que cessa todo o movimento molecular e, portanto, teoricamente, a mais baixa temperatura possível. Trata-se do ponto zero na escala de temperatura de Kelvin usada na ciência.

Unidades de Medida

As seguintes convenções são usadas para as unidades ao longo deste livro. Empregamos sempre as unidades do SI (Sistema Internacional), de modo que elas se baseiam no metro como unidade de comprimento, no quilograma como unidade de massa e no segundo como unidade de tempo. Algumas das unidades derivadas usadas no texto são as seguintes:

Unidade de comprimento de onda Na astronomia óptica e infravermelha, é convencional usar os *nanômetros (nm)*, correspondentes a 1 bilionésimo de metro, isto é, 1/1.000.000.000 m ou 10^{-9} m, e os *mícrons* (μm), equivalentes a 1 milionésimo de metro, isto é, 1/1.000.000 m ou 10^{-6} m.

Unidade de freqüência A unidade de freqüência é um ciclo por segundo, conhecida como *1 hertz (Hz)*. As freqüências de rádio são descritas em *Megahertz (MHz)*, que equivalem a 1.000.000 hertz = 10^6 hertz, e em *Gigahertz (GHz)*, equivalentes a 1.000.000.000 hertz ou 10^9 hertz.

Unidade de energia A unidade de energia do sistema SI é o joule, mas é permissível usar a unidade do *elétron-volt* para descrever a energia dos *fótons* de alta energia ou das partículas de radiação eletromagnética. Por exemplo, é convencional descrever a energia dos fótons dos raios X em termos de elétron-volts (eV) ou quiloelétron-volts (keV), que equivalem a 1.000 elétron-volts. Da mesma forma, é comum nos referirmos aos raios gama energéticos em termos de megaelétron-volts (MeV), que equivalem a 1.000.000 eV.

Unidades de distância Na astronomia, a unidade convencional é a paralaxe-segundo, que se abrevia por *parsec (pc)*. Corresponde a uma distância de aproximadamente 3 x 10^{16} metros. Uma unidade estreitamente similar é o *ano-luz*, que corresponde a cerca de um terço de parsec.

Este livro foi impresso pela
Cromosete Gráfica e Editora